ESPACE

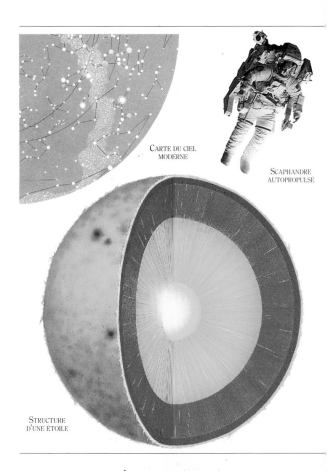

CARTE DU CIEL
MODERNE

SCAPHANDRE
AUTOPROPULSE

STRUCTURE
D'UNE ÉTOILE

ESPACE

TEXTE
Carole Stott
Clint Twist

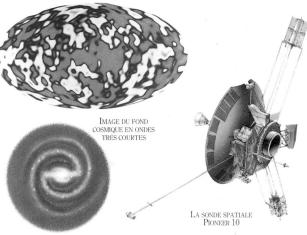

IMAGE DU FOND
COSMIQUE EN ONDES
TRÈS COURTES

LA SONDE SPATIALE
PIONEER 10

GALAXIE SPIRALE BARRÉE

Libre Expression

UN LIVRE DORLING KINDERSLEY

Pour l'édition originale:
Dorling Kindersley Limited
9 Henrietta Street, Covent Garden, London WC2E 8PS

© 1995 Dorling Kindersley Ltd., London

Pour la version française:
© 1995 Hachette Livre
(Hachette Pratiques, Vie Pratique)

© Éditions Libre Expression 1996
pour le Canada
Tous droits de traduction, d'adaptation
et de reproduction réservés pour tous pays
Dépôt légal: 3ᵉ trimestre 1996
ISBN 2-89111-675-5

Photogravure Colourscan, Singapour
Imprimé en Italie par L.E.G.O.

Sommaire

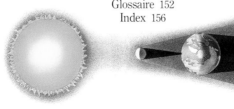

COMMENT UTILISER CE LIVRE

Le livre est divisé en neuf chapitres. Chaque chapitre
développe un aspect de l'espace ou de l'exploration
de l'espace. Une double page en couleurs annonce
chaque chapitre et son contenu.

LES OBJETS DE L'ESPACE
Une partie des chapitres traite
des objets présents dans l'espace,
galaxies, étoiles, planètes,
et de leur aspect dans le ciel.

*Code
couleur*

*Le titre nomme le sujet
de la page. Si le sujet
se poursuit sur
plusieurs pages, le
titre apparaît
en tête de chacune
d'elles.*

CODE COULEUR
Au coin des pages,
une couleur
vous permet
de vous repérer.

	UNIVERS
	GALAXIES
	ÉTOILES
	VU DE LA TERRE
	SYSTÈME SOLAIRE
	PLANÈTES
	PETITS OBJETS
	EXPLORATION
	HISTOIRE

*L'introduction
constitue une vue
d'ensemble du sujet
traité. Après l'avoir
lue, vous aurez une
idée claire du contenu
des pages.*

*Les informations
chiffrées, par exemple
les distances entre les
planètes et leurs
satellites, sont
présentées sous forme
de tableaux.*

LES PLANÈTES

SATURNE
Connue pour ses anneaux,
Saturne est la deuxième
planète par la taille. Comme
sa plus proche voisine Jupiter,
Saturne est une géante
gazeuse. Mais sa masse est
si dispersée que la planète
est moins dense que l'eau.
Saturne a plus de satellites
qu'aucune autre planète :
au moins 18. La plus grosse,
Titan, a une atmosphère
exceptionnellement dense.

UN MONDE ENTOURÉ
D'ANNEAUX
Saturne est à la limite
de l'observation télescopique
depuis la Terre. Cette
photographie a été prise à une
distance de 17,5 millions km

Terre *Saturne*

SATURNE EN QUELQUES CHIFFRES	
Distance moyenne au Soleil	1 427 millions km
Durée d'une révolution	29,46 jours terrestres
Vitesse orbitale	9,6 km/sec.
Durée d'une rotation	10,23 heures
Diamètre équatorial	120 536 km
Température au sommet de la couche nuageuse	–180 °C
Masse (Terre = 1)	957
Gravité (Terre = 1)	0,93
Nombre de satellites	18

LE SAVIEZ-VOUS ?
• Les anneaux de
Saturne ont moins
de 200 m d'épaisseur,
et plus de 270 000 km
de diamètre.
• Ils sont constitués
de fragments de
roches,ouverts
de glace et de
poussière.

9 6

*Des petits encadrés vous
rappellent d'un coup d'œil
les détails remarquables
ou étonnants propres
au sujet traité.*

8

Les légendes en italique soulignent les détails auxquels elles sont reliées par un filet. Elles complètent le texte qui commente chaque illustration.

En haut de la page de gauche figure le titre du chapitre, en haut de la page de droite, le sujet traité. Cette page sur Saturne se trouve dans le chapitre "les planètes".

APPARENCE VOILÉE
L'atmosphère de Saturne ressemble à celle de Jupiter, en plus froid. Ses nuages, plus épaisses, présentent des bandes voilées.

UNE TEMPÊTE CYCLONIQUE
De fausses couleurs soulignent l'activité cyclonique de l'atmosphère. Les ovales pâles sont des tempêtes formées par des vents violents.

STRUCTURE DES ANNEAUX
Anneau F
Anneau A
Anneau B
Anneau C

STRUCTURE DE SATURNE
Division de Encke
Division de Cassini

Pour plus de clarté, un titre identifie les illustrations quand elles ne sont pas reliées au texte de façon évidente.

NOMBRES
• 1 milliard = mille millions
• Année lumière = a.l. = 9 461 000 000 000 km
• Les très grands nombres sont donnés en puissances de 10. Par exemple : $1,8 \times 10^8 = 1,8 \times 10 \times 10 \times 10 \times 10 \times 10 \times 10 \times 10 \times 10$

ALPHABET GREC
On l'utilise pour identifier les étoiles.

α	alpha	ν	nu
β	beta	ξ	xi
γ	gamma	ο	omicron
δ	delta	π	pi
ε	epsilon	ρ	rho
ζ	zeta	σ	sigma
η	eta	τ	tau
θ	theta	υ	upsilon
ι	iota	φ	phi
κ	kappa	χ	chi
λ	lambda	ψ	psi
μ	mu	ω	omega

INDEX ET GLOSSAIRE
Un index alphabétique achève les pages pratiques : vous y trouverez tous les sujets traités dans le livre. Les mots scientifiques ou techniques employés dans le livre sont expliqués dans un glossaire.

L'UNIVERS

QU'EST-CE QUE L'UNIVERS ?

L'univers, c'est tout ce qui existe. De la terre, qui se trouve sous nos pieds, aux étoiles les plus lointaines, tout fait partie de l'univers. L'univers est si vaste qu'il contient des milliards d'étoiles. Pourtant, il est presque entièrement constitué de vide.

Galaxies

Galaxie contenant des milliards d'étoiles.

Supernova – mort d'une étoile massive.

Comète – une boule de neige sale

LE SAVIEZ-VOUS ?

• Il existe à peu près 100 milliards de galaxies dans l'univers, chacune contenant près d'1 milliard d'étoiles.

• Les objets les plus éloignés de nous que nous puissions détecter se trouvent à 139 milliards de milliards de km.

OBSERVATION DU CIEL

Quelle que soit la direction vers laquelle nous observons, nous voyons des étoiles. Il y en a plus dans l'univers que de n'importe quel autre objet : étoiles regroupées en galaxies géantes, étoiles à différentes étapes de leur vie, étoiles dont une au moins a des planètes. En dépit de l'immensité de l'univers, nous ne connaissons qu'un seul endroit où la vie existe : la planète Terre.

UNE TÊTE DE CHEVAL DANS L'ESPACE
La nébuleuse de la Tête de Cheval (centre gauche) est
un immense nuage de poussière obscure qui ressemble
à un cavalier de jeu d'échecs. Elle est visible, comme
à contre-jour, masquant les étoiles cachées derrière
elle. L'univers contient un grand nombre de tels nuages
qui obscurcissent différentes régions de l'espace.

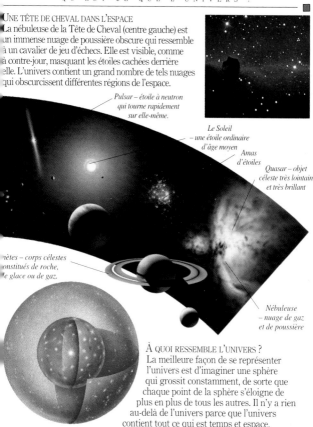

*Pulsar – étoile à neutron
qui tourne rapidement
sur elle-même.*

*Le Soleil
– une étoile ordinaire
d'âge moyen*

*Amas
d'étoiles*

*Quasar – objet
céleste très lointain
et très brillant*

*...nètes – corps célestes
...onstitués de roche,
...e glace ou de gaz.*

*Nébuleuse
– nuage de gaz
et de poussière*

À QUOI RESSEMBLE L'UNIVERS ?
La meilleure façon de se représenter
l'univers est d'imaginer une sphère
qui grossit constamment, de sorte que
chaque point de la sphère s'éloigne de
plus en plus de tous les autres. Il n'y a rien
au-delà de l'univers parce que l'univers
contient tout ce qui est temps et espace.

L'ÉCHELLE DE L'UNIVERS

Dans l'univers, les distances sont telles qu'il faut une unité
de mesure particulière : l'année-lumière. La vitesse de la
lumière est de 300 000 km/seconde et une année-lumière e
la distance parcourue par la lumière en un an. Une galaxie
peut mesurer des milliers d'années-lumière de diamètre
et se trouver à des millions d'années-lumière de nous.

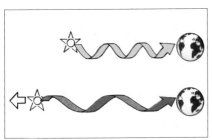

LUMIÈRE ET MOUVEMENT
La lumière d'une étoile
indique son déplacement.
Si l'étoile s'éloigne de la
Terre, sa lumière s'étire
par rapport à celle
des étoiles stationnaires.
La lumière d'une étoile
qui s'éloigne se rapproche
du rouge du spectre ;
celles qui se rapprochent
de la Terre ont une lumière
qui se décale vers le bleu.

ÉCHELLE DE GRANDEURS
Le monde des hommes paraît minuscule
à l'échelle de l'univers. La Terre est l'une
des neuf planètes qui gravitent autour
du soleil, lui-même l'une des 500 milliards
d'étoiles de la Voie lactée.

*Le Soleil n'est qu'une étoile
parmi les milliards qui
constituent la Voie Lactée.*

*La Terre est
la troisième
des neuf planètes
qui gravitent autour
du Soleil.*

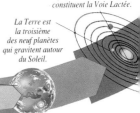

*Plus de
5 milliards d'êtres
humains vivent
sur la Terre.*

*L'échelle humaine
est notre moyen
de comparaison
avec les objets de la
vie quotidienne.*

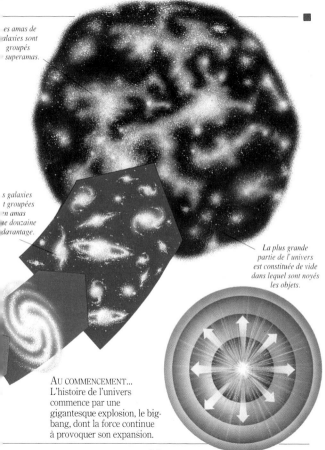

es amas de alaxies sont groupés superamas.

s galaxies t groupées n amas e douzaine davantage.

La plus grande partie de l'univers est constituée de vide dans lequel sont noyés les objets.

AU COMMENCEMENT...
L'histoire de l'univers commence par une gigantesque explosion, le big-bang, dont la force continue à provoquer son expansion.

15

L'HISTOIRE DE L'UNIVERS

Matière, énergie, espace et temps furent créés au moment du big-bang, il y a environ 15 milliards d'années. Au début se formèrent l'hélium et l'hydrogène puis l'univers commença son expansion et son refroidissement. Pendant des millions d'années, ces gaz produisirent des galaxies, des étoiles, des planètes et nous.

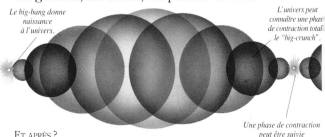

Le big-bang donne naissance à l'univers.

L'univers peut connaître une phas de contraction total le "big-crunch".

Une phase de contraction peut être suivie d'un autre big-bang.

ET APRÈS ?
Deux théories s'affrontent sur l'avenir : ou bien l'expansion s'arrêtera et l'univers connaîtra une phase de contraction ou bien le mouvement d'expansion continuera éternellement.

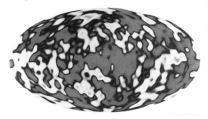

LES TRACES DU BIG-BANG
Cette carte du ciel reproduit les infimes variations de la température de l'espace : le rouge plus chaud que la moyenne, le bleu plus froid. Ces variations sont de faibles traces du big-bang. Cette carte a été établie d'après les informations transmise par le satellite COBE (Cosmic Background Explorer Satellite).

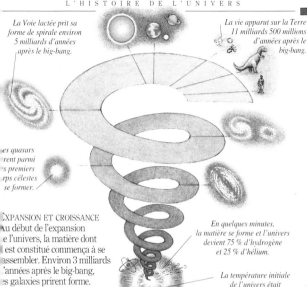

La Voie lactée prit sa forme de spirale environ 5 milliards d'années après le big-bang.

La vie apparut sur la Terre 11 milliards 500 millions d'années après le big-bang.

es quasars rent parmi s premiers rps célestes se former.

EXPANSION ET CROISSANCE
Au début de l'expansion e l'univers, la matière dont l est constitué commença à se assembler. Environ 3 milliards 'années après le big-bang, es galaxies prirent forme. e système solaire ne se forma ue 10 milliards d'années après.

En quelques minutes, la matière se forme et l'univers devient 75 % d'hydrogène et 25 % d'hélium.

La température initiale de l'univers était d'environ 10 milliards de milliards de degrés.

REFROIDISSEMENT DE L'UNIVERS	
Temps écoulé après le big-bang	Température
10^{-6} secs	$10^{13}°C$
3 minutes	$10^{8}°C$
300 000 années	$10^{10}°C$
1 million d'années	3 000°C
1 milliard d'années	–170°C
15 milliards d'années	–270°C

LE SAVIEZ-VOUS ?

• Les scientifiques retracent l'histoire de l'univers et remontent jusqu'à 10^{-43} secondes après le big-bang. C'est le temps de Plank. 10^{-43} signifie : 0 suivi d'une virgule suivie de 42 zéros, puis d'un 1.

LES GALAXIES

QU'EST-CE QU'UNE GALAXIE ?

Une galaxie est un énorme groupement d'étoiles. Une grande galaxie peut se composer de milliards d'étoiles, une petite galaxie n'en possède que quelques centaines de milliers. Cependant les petites galaxies sont si vastes qu'il faut des milliers d'années-lumière pour les traverser. Elles sont formées de nuages de gaz qui tournent sans interruption.

UNE AGLOMÉRATION LOINTAINE
La lumière de la galaxie d'Andromède (M31) met 2 200 000 années pour nous parvenir. Nous voyons donc cette galaxie comme elle était il y a 2 200 000 années.

LES QUATRE FORMES DE GALAXIES

ELLIPTIQUE
De la forme du ballon à celle de l'œuf. Elles contiennent surtout de vieilles étoiles et sont les plus communes.

SPIRALE
De la forme d'un disque. Les nouvelles étoiles naissent dans les bras, les vieilles se trouvant dans le noyau.

SPIRALE BARRÉE
Elles ressemblent aux galaxies spirales mais leur noyau allongé form une barre, de laquelle partent les bras en spira

LES LUMIÈRES
LES PLUS BRILLANTES
Voici une image aux
rayons X d'un objet céleste
quasi-stellaire,
l'un des plus brillants
et des plus éloignés. Par
"plus éloignés", on entend :
à près de 15 milliards
d'années-lumière de nous.

LUMINOSITÉ DES GALAXIES

Galaxie	Distance	Type
Andromède (M31)	2 200 000 a.l.	Sb
M32	2 300 000 a.l.	E2
M33	2 400 000 a.l.	Sc
Wolf-Lundmark	4 290 000 a.l.	Irr
M81	9 450 000 a.l.	Sb
Centaurus A	13 040 000 a.l.	E0
Pinwheel (M101)	23 790 000 a.l.	Sc
Tourbillon (M51)	29 340 000 a.l.	Sc
NGC2841	37 490 000 a.l.	Sb
NGC1023	39 120 000 a.l.	E7
NGC3184	42 380 000 a.l.	Sc
NGC5866	42 380 000 a.l.	E6
M100	48 900 000 a.l.	Sc
NGC6643	74 980 000 a.l.	Sc
M77	81 500 000 a.l.	Sb
NGC3938	94 540 000 a.l.	Sc
NGC2207	114 100 000 a.l.	Sc

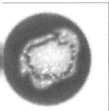

IRRÉGULIÈRE
Certaines ressemblent
à une spirale déformée,
d'autres ne possèdent
aucune forme repérable.
Ce sont les plus rares.

CLASSIFICATION DES GALAXIES
D'APRÈS E. HUBBLE

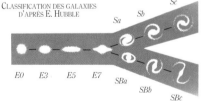

Sc

Sa   Sb

E0   E3   E5   E7

SBa

SBb

SBc

CLASSIFICATION DES GALAXIES D'APRÈS LEUR FORME
Les galaxies elliptiques sont classées de E0
(sphériques) à E7 (très aplaties). Les spirales (S) et
les spirales barrées (SB) sont classées de a à c, selon
la densité du noyau central et l'étroitesse des bras.
Les galaxies irrégulières (Irr) n'apparaissent pas ici
mais se divisent en deux types : I et II.

AMAS ET SUPERAMAS

Les galaxies se présentent groupées en amas de quelques-unes à quelques milliers. Les amas eux-mêmes forment des superamas qui constituent les structures les plus vastes de l'univers.

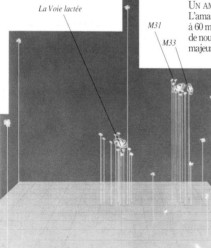

La Voie lactée

M31

M33

UN AMAS VOISIN
L'amas de Virgo se situe à 60 millions d'années-lumière de nous. Il constitue l'amas majeur le plus proche du nôtre.

LE GROUPE LOCAL
L'amas dont nous faisons partie mesure environ 5 millions d'années-lumière et contient une trentaine de galaxies. Les plus grandes galaxies du Groupe local sont Andromède (M31), Triangle (M33) et notre Voie lactée.

QUELQUES GALAXIES DU GROUPE LOCAL :

Nom	Diamètre	Distance
Andromède	150 000 a.l.	2 200 000 a.l.
M33	40 000 a.l.	2 400 000 a.l.
Grand Nuage de Magellan (GNM)	30 000 a.l.	170 000 a.l.
Petit Nuage de Magellan (PNM)	20 000 a.l.	190 000 a.l.
NGC 6822	15 000 a.l.	1 800 000 a.l.
NGC 205	11 000 a.l.	2 200 000 a.l.

COMME UN RAYON DE MIEL

Les superamas ont tendance à s'aplatir pour former des disques et des nappes ou à se distendre en filaments. Ces formes ne sont pas visibles au télescope, mais on sait aujourd'hui que la structure de l'univers est disposée comme un rayon de miel. Les superamas sont disposés à la surface d'immenses "bulles". Ces bulles sont presque complètement vides de matière. Elles contiennent seulement quelques atomes de gaz.

Amas de Coma

Amas de la Grande Ourse

Groupe Local

Amas de la Vierge

Nuage du Lion

LE SUPERAMAS LOCAL

LA VOIE LACTÉE

Le soleil n'est que l'une des 500 milliards d'étoiles de notre galaxie, la Voie lactée. Il s'agit d'une galaxie spirale avec un noyau de vieilles étoiles entouré d'un halo d'étoiles plus vieilles encore. Toutes les étoiles jeunes, dont le Soleil, sont situées dans les bras de la spirale. La Voie lactée a un diamètre de 100 000 années-lumière. Toutes les étoiles que nous voyons la nuit se trouvent dans la Voie lactée.

LES ÉTOILES DU SAGITTAIRE
Cette photographie montre de jeunes étoiles dans un des bras du Sagittaire de la Voie lactée. Des nuages de poussière nous cachent presque toute cette région de la galaxie.

Sur cette vue de profil, les bras de la spirale ressemblent à un disque aplati.

Le halo galactique contient les plus vieilles étoiles.

LA VOIE LACTÉE :
VUE DE LA FACE
EXTERNE

Le noyau est la région la plus brillante de la galaxie.

LA SPIRALE VUE DE PROFIL
Si l'on pouvait l'observer de profil, à une distance d'environ un million d'années-lumière, la Voie lactée ressemblerait à une lentille géante, aux bords aplatis et au noyau central brillant, entouré d'un halo à peu près sphérique qui contient les plus vieilles étoiles de la galaxie.

LA VOIE LACTÉE
VUE DE
LA TERRE

LE SAVIEZ-VOUS ?
• Pour certains savants,
la Voie lactée est une
galaxie spirale barrée.
• Notre galaxie tourne.
Le Soleil met environ
220 millions d'années
pour une révolution
complète, soit une
"année cosmique".
Les autres étoiles
de la galaxie bougent à
des vitesses différentes.

AU-DESSUS DE LA SPIRALE
Vue du dessus ou du dessous, les bras
en spirale de la Voie lactée seraient bien
visibles. Ils contiennent la plus grande
partie du gaz et de la poussière de la
galaxie et c'est là où
se forment les étoiles.

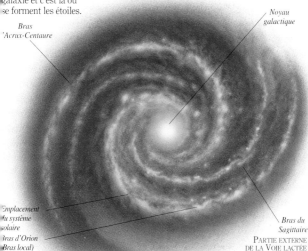

Bras
'Acrux-Centaure

Noyau
galactique

Emplacement
du système
solaire
Bras d'Orion
(Bras local)

Bras du
Sagittaire
PARTIE EXTERNE
DE LA VOIE LACTÉE

LE BRAS LOCAL

Le système solaire est situé à peu près aux deux tiers du centre de la galaxie, au bord du bras en spirale appelé Bras local ou Bras d'Orion. De cet endroit, la galaxie apparaît comme une vaste rivière laiteuse qui traverse le ciel nocturne.

Le noyau galactique mesure environ 6 000 années-lumière de diamètre

POSITION
DU BRAS LOCAL
DANS LA GALAXIE

LES SEPT SŒURS ÉTOILÉES
Les Pléiades sont un amas d'étoiles brillantes dont sept sont visibles à l'œil nu. C'est pourquoi pendant plus de 2 000 ans on les a appelées les Sept Sœurs. En réalité, il y a plus de 200 étoiles dans cet amas formé il y environ 60 millions d'années, peu après l'extinction des dinosaures sur la Terre.

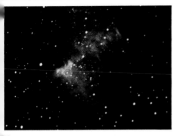

UNE FIN SPECTACULAIRE

La nébuleuse de Dumbell, située à environ
1 000 années-lumière du Soleil, est une étoile
isolée qui approche de la fin de sa vie.
Sa surface émet des projections spectaculaires
de gaz sphériques. Le gaz se disperse peu
à peu et donnera peut-être naissance à de
nouvelles étoiles, quelque part dans la galaxie.

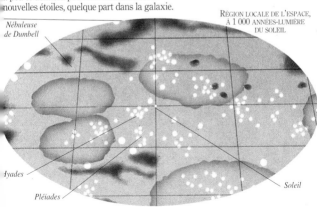

RÉGION LOCALE DE L'ESPACE,
À 1 000 ANNÉES-LUMIÈRE
DU SOLEIL

Nébuleuse
de Dumbell

Hyades

Pléiades

Soleil

LES ÉTOILES

QU'EST-CE QU'UNE ÉTOILE ?

Énormes boules tournoyantes
de gaz chaud et lumineux, la
plupart des étoiles contiennent
deux gaz principaux : l'hélium et
l'hydrogène, maintenus ensemble
par la gravité et comprimés près
du noyau. À l'intérieur du noyau,
d'énormes quantités d'énergie
sont produites.

AMAS D'ÉTOILES
L'amas M13, dans la
constellation d'Hercule,
contient des centaines
de milliers d'étoiles
disposées en boul
compacte.

STRUCTUR
D'UNE ÉTO

*Température
et pression
augmentent
quand on
se rapproche
du noyau.*

*De l'énergie,
de la lumière
et de la chaleur
se dégagent
de la surface.*

*L'énergie
est produite pa
des réactions
nucléaires
à l'intérieur
du noyau.*

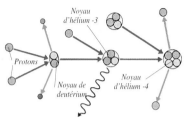

FUSION DU NOYAU
Une étoile produit de l'énergie par fusion nucléaire. À l'intérieur du noyau, des particules d'hydrogène (protons) entrent en collision et s'unissent pour former d'abord du deutérium (hydrogène lourd), puis deux formes d'hélium. L'énergie est libérée pendant la fusion.

TOUTES LES TAILLES
Les étoiles diffèrent par la quantité de gaz qu'elles contiennent et par leur taille. Les plus grandes ont mille fois la taille du soleil ; les plus petites ne sont guère plus grandes que la planète Jupiter.

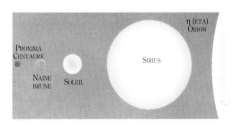

LES PRINCIPALES ÉTOILES

Nom	Constellation	Distance
Vega	α de la Lyre	26 a.l.
Pollux	β des Gémeaux	36 a.l.
La Chèvre	α du Cocher	45 a.l.
Aldébaran	α du Taureau	68 a.l.
Régulus	α du Lion	84 a.l.
Canopus	α de la Carène	98 a.l.
L'épi	α de la Vierge	260 a.l.
Bételgeuse	α d'Orion	520 a.l.
La Polaire	α de la Petite Ourse	700 a.l.

LE SAVIEZ-VOUS ?

• Tous les éléments chimiques plus lourds que l'hydrogène, l'hélium et le lithium sont le produit de réactions nucléaires à l'intérieur des étoiles.
• La masse du Soleil sert d'étalon pour mesurer les autres étoiles.

LA NAISSANCE D'UNE ÉTOILE

La vie des étoiles dure des millions, voire des milliards d'années. Elle commence toujours ainsi : matière dans une nébuleuse ou dans un nuage de gaz et de poussière. Les étoiles naissent en groupes appelés amas. Au départ, elles ont toutes la même composition mais elles se développent à des vitesses différentes, et les amas ne tardent pas à dériver en s'éloignant les uns des autres.

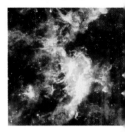

LIEU DE NAISSANCE
Dans la nébuleuse d'Orion, la lumière de nouvelles étoiles illumine les nuages de poussière, qui masquent les étoiles elles-mêmes. L'une de ces jeunes étoiles est 10 000 fois plus brillante que le Soleil.

DÉVELOPPEMENT D'UNE ÉTOILE

Dans une nébuleuse, la gravité forme des boules de gaz tournoyantes, appelées protoétoiles.

La protoétoile (en coupe) se contracte : son noyau se densifie. Un halo de gaz et de poussière se développe à l'extérieur.

Le noyau atteint une certaine densité et les réactions nucléaires commencent. L'énergie dégagée dissipe le halo

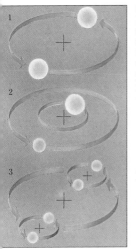

SIMPLE OU DOUBLE

Le soleil est une étoile solitaire mais très souvent, une protoétoile forme une étoile double ou multiple (1). Les étoiles multiples tournent autour d'un centre de gravité commun (2) ou bien, les unes autour des autres (3). Si les étoiles doubles n'ont pas la même luminosité, c'est souvent parce que l'une des deux arrête la lumière de l'autre.

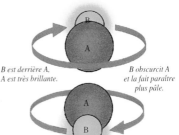

B est derrière A.
A est très brillante.

B obscurcit A
et la fait paraître
plus pâle.

La jeune étoile tournant à grande vitesse, le gaz et la poussière qui restent s'aplatissent et forment une sorte de disque.

Dans un cas au moins (celui du Soleil), ce disque de gaz et de poussière a formé un système de planètes orbitales.

Avec ou sans planète, la nouvelle étoile brille maintenant, transformant l'hydrogène en hélium par fusion nucléaire.

LE CYCLE DE VIE D'UNE ÉTOILE

La durée de vie d'une étoile dépend de sa masse.
Les étoiles comme le Soleil peuvent briller 10 milliards
d'années. Les étoiles plus massives transforment leur
hydrogène plus vite et vivent moins longtemps. Le Soleil
est à la moitié de sa vie. Dans 5 milliards d'années,
il se dilatera et deviendra une géante rouge,
puis s'effondrera sur lui-même pour
devenir une minuscule étoile.

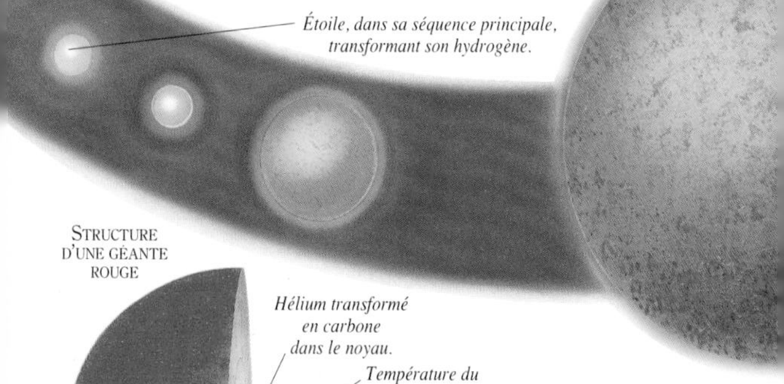

*Étoile, dans sa séquence principale,
transformant son hydrogène.*

STRUCTURE
D'UNE GÉANTE
ROUGE

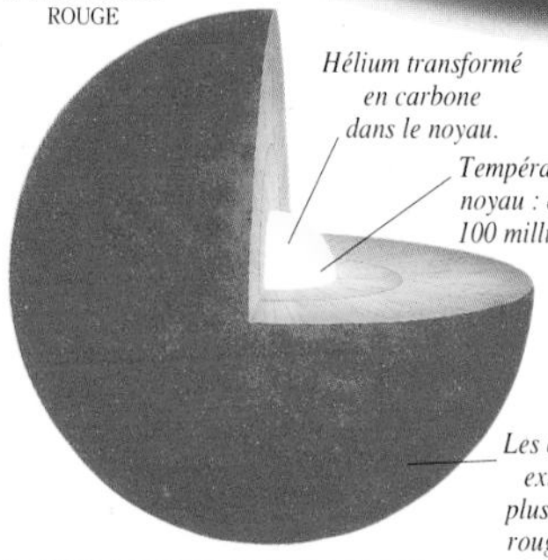

*Hélium transformé
en carbone
dans le noyau.*

*Température du
noyau : environ
100 millions °C.*

*Les couches
externes
plus froides
rougeoient.*

LES GÉANTES ROUGES

Lorsque la plus grande partie
de l'hydrogène a été transformé
en hélium, l'étoile devient une
géante rouge : elle transforme
l'hélium en carbone.
La chaleur du noyau augmente,
provoquant la dilatation et le
refroidissement de la surface.

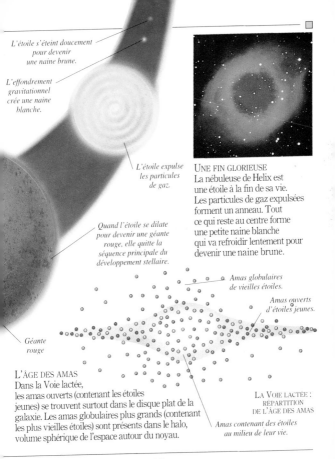

L'étoile s'éteint doucement pour devenir une naine brune.

L'effondrement gravitationnel crée une naine blanche.

L'étoile expulse les particules de gaz.

Quand l'étoile se dilate pour devenir une géante rouge, elle quitte la séquence principale du développement stellaire.

UNE FIN GLORIEUSE
La nébuleuse de Helix est une étoile à la fin de sa vie. Les particules de gaz expulsées forment un anneau. Tout ce qui reste au centre forme une petite naine blanche qui va refroidir lentement pour devenir une naine brune.

Amas globulaires de vieilles étoiles.

Amas ouverts d'étoiles jeunes.

Géante rouge

L'ÂGE DES AMAS
Dans la Voie lactée, les amas ouverts (contenant les étoiles jeunes) se trouvent surtout dans le disque plat de la galaxie. Les amas globulaires plus grands (contenant les plus vieilles étoiles) sont présents dans le halo, volume sphérique de l'espace autour du noyau.

LA VOIE LACTÉE : RÉPARTITION DE L'ÂGE DES AMAS

Amas contenant des étoiles au milieu de leur vie.

LA MORT DES ÉTOILES MASSIVES

La mort d'une étoile dépend de sa masse. Les étoiles les plus massives disparaissent en explosant. Cette explosion gigantesque, appelée supernova, peut briller au point d'éclipser une galaxie entière. Ce qui se produit ensuite dépend de la quantité de matière qui reste après la supernova.

EXPLOSION FINALE
Les étoiles d'au moins 8 masses solaires finissent en supernovae. La gravité provoque leur effondrement avec une force inimaginable qui produit des ondes de choc.

EXPLOSION D'UNE SUPERNOVA

Étoile à neutrons tournant sur elle-même

Émission radio-électrique

PULSAR

Température du noyau : 10 000 millions °C

ÉTOILE À NEUTRONS

Si la masse du noyau restant d'une supernova est entre 1,4 et 3,0 masses solaires, il se forme une étoile à neutrons. Constituée de matière extrêmement dense, elle tourne très vite et produit des faisceaux d'émission radio-électrique qui clignotent très rapidement. C'est ce qu'on appelle des pulsars.

UN SPECTACLE IMPRESSIONNANT
Les supernovae, assez répandues dans l'univers, sont rarement vues depuis la Terre. En 1987, on a pu observer une supernova dans le Grand Nuage de Magellan, galaxie voisine de la nôtre. A gauche, l'apparence normale de l'étoile (fléchée). La supernova (nommée SN 1987 A) est nettement visible, à droite. Après avoir brillé avec éclat pendant quelques mois, elle s'est doucement éteinte et a disparu.

LES TROUS NOIRS
Si le noyau qui reste après une supernova dépasse trois masses solaires, il s'effondrera jusqu'à devenir un trou noir – un champ gravitationnel si dense qu'il aspire même la lumière. Par définition, les trous noirs sont invisibles mais ils seraient entourés d'une accrétion – disque de matière qui tourne sur lui-même et subit l'attraction du trou noir.

CANNIBALISME STELLAIRE
Un trou noir se formant près d'une autre étoile peut absorber peu à peu sa masse. Les astronomes pensent que l'objet céleste connu sous le nom de Cygnus X-1 est un couple étoile/trou noir.

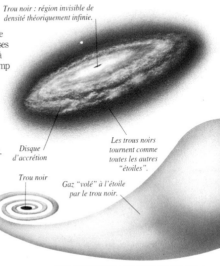

Trou noir : région invisible de densité théoriquement infinie.

Disque d'accrétion

Les trous noirs tournent comme toutes les autres "étoiles".

Trou noir

Gaz "volé" à l'étoile par le trou noir.

CLASSIFICATION DES ÉTOILES

La masse d'une étoile
détermine sa couleur, sa
température et sa luminosité.
En étudiant les propriétés
de plusieurs d'entre elles,
les astronomes ont pu établir
un système de classification
de toutes les étoiles.

W   50 000 °C

O   30 000 °C
B

A   10 000 °C

F   6 000 °C
G

K   4 000 °C

M   3 500 °C

CHALEUR ET LUMIÈRE
C'est la couleur d'une étoile qui indique
généralement sa température. Les bleues sont
les plus chaudes, les rouges les plus froides.
Le sytème de Harvard utilise des lettres de
l'alphabet pour classer les étoiles d'après
leur température de surface.

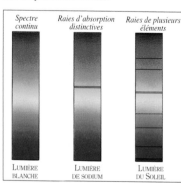

Spectre continu	Raies d'absorption distinctives	Raies de plusieurs éléments
LUMIÈRE BLANCHE	LUMIÈRE DE SODIUM	LUMIÈRE DU SOLEIL

RAIES DUES AUX ÉLÉMENTS
CHIMIQUES
Chaque étoile émet une lumière
originale. La décomposition de
cette lumière en spectre révèle
les éléments chimiques qui
constituent l'étoile. Ils sont
matérialisés par des raies
d'absorption qui coupent
le spectre. Les atomes de sodium
absorbent la lumière dans la partie
jaune du spectre. La lumière
du Soleil montre des centaines
de lignes d'absorption, dont
on ne voit ici que les principales.

DIAGRAMME DE LA CLASSIFICATION STELLAIRE DE HERTZSPRUNG-RUSSEL (HR)

Supergéantes
(par ex.
Deneb)

Bételgeuse
est une
supergéante
rouge.

Étoiles dans
la séquence
principale de
leur évolution
(par ex.
Sirius A)
qui convertit
l'hydrogène
en hélium.

Arcturus
est une
géante
rouge.

Le soleil est
une naine
jaune dans
sa séquence
principale.

Naines blanches
(par ex.
Sirius B)

L'étoile de Barnard
est une naine rouge
dans sa séquence
principale.

DIAGRAMME DES COULEURS

Le diagramme de HR permet de déterminer
la température d'une étoile en fonction de
sa magnitude absolue (la quantité de lumière
qu'elle émet). Les plus brillantes sont en haut
et les plus ternes en bas du diagramme.
Les plus chaudes se trouvent à gauche et
les plus froides, à droite. La plupart des étoiles
passent une partie de leur vie dans la séquence
principale : du haut à gauche au bas à droite.
Les géantes se trouvent au-dessus de la séquence
principale et les naines, en dessous.

LE SAVIEZ-VOUS ?

• Les étoiles les plus
chaudes de type W,
très rares, sont dites
étoiles de Wolf-Rayet.

• À l'échelle de l'espace,
le Soleil est très petit.
On le désigne comme
une naine de type G.

• Les amas d'étoiles
de type O et B (appelés
amas OB1) contiennent
des étoiles jeunes,
chaudes et brillantes.

L'ÉCLAT

L'éclat d'une étoile dépend de la quantité d'énergie lumineuse produite et de sa distance à la Terre. Les astronomes utilisent deux échelles pour mesurer la magnitude (éclat) d'une étoile. La magnitude absolue permet de comparer les étoiles comme si elles étaient à même distance de la Terre. La magnitude apparente exprime l'éclat apparent d'une étoile vue de la Terre.

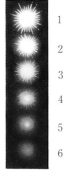

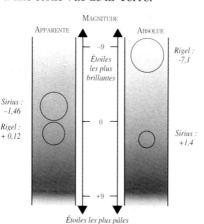

MAGNITUDE

APPARENTE — ABSOLUE

–9
Étoiles les plus brillantes

Rigel : -7,1

Sirius : -1,46

Rigel : + 0,12

0

Sirius : +1,4

+9

Étoiles les plus pâles

ÉCLAT OBSERVÉ
C'est la magnitude apparente pour les étoiles observées à l'œil nu. Les plus brillantes ont la plus petite valeur.

APPARENT OU ABSOLU
Sirius est l'étoile la plus brillante de notre ciel (magnitude apparente : –1,46), plus brillante que Rigel (magnitude apparente : +0,12). Pourtant, en réalité, Rigel est de loin la plus brillante, avec une magnitude absolue de -7,1, alors que celle de Sirius n'est que de +1,4.

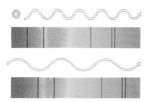

Lumière émise
par une étoile
"stationnaire"
qui se déplace
avec la même
rapidité relative
que le Soleil).

Lumière émise
par une étoile
qui s'éloigne.

LUMIÈRE DÉCALÉE

Dans l'univers, tout bouge. Dans la lumière des
étoiles qui s'éloignent du Soleil, les raies d'absorption
sombres glissent vers le rouge du spectre :
c'est le décalage vers le rouge.

ÉVALUATION DE LA DISTANCE

Calculer la magnitude absolue d'une étoile
nécessite de connaître sa distance. Pour
les étoiles proches (quelques centaines
d'années-lumière), les astronomes
mesurent leur distance par la méthode de
la parallaxe. L'orbite décrite par la Terre
permet d'observer une étoile à partir
de deux points opposés. Le déplacement
apparent de l'étoile sur le fond du ciel
entre les deux observations est appelé
parallaxe. Plus la parallaxe est
grande, plus l'étoile est proche.
Ci-contre, l'étoile A, qui a le
plus grand déplacement,
est la plus proche.

> ### LE SAVIEZ-VOUS ?
> • Chaque pas de nombre
> entier des échelles de
> magnitude signifie que
> l'étoile est 2,5 fois plus
> brillante ou plus faible.
> • La magnitude
> apparente du soleil
> est de -26,7.
> • La planète la plus
> brillante est Vénus,
> magnitude apparente
> maximum de -4,2.

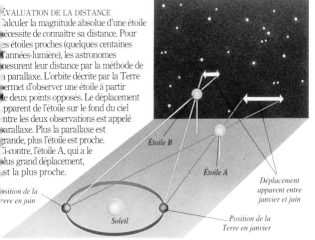

Étoile B

Étoile A

Déplacement
apparent entre
janvier et juin

Position de la
Terre en juin

Position de la
Terre en janvier

Soleil

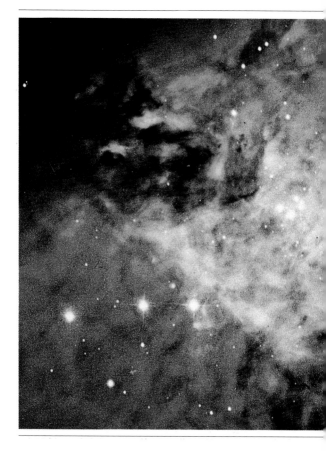

L'ESPACE VU DE LA TERRE

AU-DESSUS DE NOS TÊTES

Notre connaissance de l'univers est liée à notre position unique sur la Terre. En plein jour, le ciel est dominé par le Soleil. La nuit, l'espace est constellé d'étoiles et de galaxies. Pourtant, la perception que nous en avons change au fil de l'année avec le mouvement de la Terre autour du Soleil.

TRAÎNÉES CIRCULAIRES
La rotation de la Terre fait que les étoiles semblent décrire des cercles dans le ciel (phénomène ici capté sur une photo prise avec une longue durée d'exposition).

Les étoiles dessinent des motifs sur la sphère.

La trajectoire du Soleil est appelée l'écliptique.

LA SPHÈRE CÉLESTE
Depuis la Terre, les étoiles semblent posées sur une sphère céleste géante. La Terre avance sur son orbite annuelle autour du Soleil et différentes portions de la sphère sont visibles. Presque la moitié de la sphère nous est constamment cachée par l'éclat aveuglant du Soleil. Le mouvement des autres objets célestes, des planètes par exemple, est également tracé sur la sphère.

LA GALAXIE
Toutes les étoiles
que nous voyons dans
le ciel, y compris le Soleil, font partie
de la Voie lactée. Cette photographie
panoramique de la Voie lactée
(orientée vers le centre de la Galaxie)
a été prise depuis Christchurch,
en Nouvelle-Zélande.

LE MOUVEMENT MARTIEN
Les planètes, qui décrivent leur
propre orbite autour du Soleil,
semblent traverser le ciel sur la
toile de fond des étoiles. Le mot
"planète" vient en fait d'un mot
grec qui signifie "errant". De
toutes les planètes, c'est Mars
la plus vagabonde ; parfois elle
semble changer de direction et
revient en arrière au-dessus de la
Terre. Ce recul est en réalité une
illusion d'optique due au fait que
la Terre dépasse Mars sur sa
trajectoire autour du Soleil.

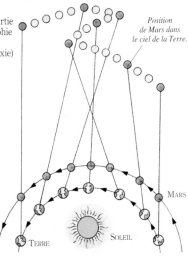

*Position
de Mars dans
le ciel de la Terre.*

MARS

TERRE   SOLEIL

EFFETS SPÉCIAUX

Depuis la Terre, il arrive d'assister à des "effets spéciaux" dans le ciel, phénomènes dûs aux étranges manifestations du champ magnétique de la Terre et de l'atmosphère, ou bien à la position des objets dans le système solaire, particulièrement le Soleil, la Terre et la Lune. Les pluies d'étoiles filantes, les météores, sont un phénomène produit par la poussière de l'espace.

AURORE BORÉALE
Des particules chargées issues du Soleil provoquent un phénomène spectaculaire quand elles pénètrent dans l'atmosphère terrestre.

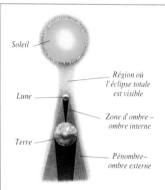

Soleil

Région où l'éclipse totale est visible

Lune

Zone d'ombre – ombre interne

Terre

Pénombre– ombre externe

ÉCLIPSE DE SOLEIL
Il arrive que la Lune soit placée dans un parfait alignement entre le Soleil et la Terre. Lorsque ce phénomène se produit, la Lune cache la lumière solaire, produisant ce qu'on appelle une éclipse de Soleil. Depuis certaines parties de notre planète, le disque de la Lune semble recouvrir complètement la face du Soleil causant une brève période d'obscurité. Bien que la Lune soit beaucoup plus petite que le Soleil, elle peut l'occulter totalement parce qu'elle est toute proche de la Terre.

LE HALO QUI ENTOURE LA LUNE

Par certaines nuits d'hiver, un halo apparaît autour de la Lune, mais ce phénomène n'a rien à voir avec cette dernière. La lumière solaire, réfléchie par la Lune en direction de la Terre, est réfractée par des cristaux de glace à haute altitude dans l'atmosphère terrestre. Cette réfraction crée un halo circulaire.

LE SAVIEZ-VOUS ?

• Les aurores boréales se voient plus facilement près du pôle Nord. Des phénomènes similaires se produisent dans l'hémisphère Sud, on les appelle aurores australes.

• Une éclipse de Lune se produit lorsque la Terre est placée entre le Soleil et la Lune et que l'ombre de la Terre se projette sur la surface de la Lune.

• Un radian de météore est une illusion d'optique. En réalité, les météores se déplacent suivant des trajectoires parallèles.

RADIAN DE MÉTÉORES

Les particules de poussière venant de l'espace forment une pluie de météores lorsqu'elles se consument dans l'atmosphère. Tous les météores semblent venir d'un point unique du ciel que l'on appelle le radian.

LES CONSTELLATIONS

Vues depuis la Terre, les étoiles
semblent former des figures
dans le ciel : ce sont les
constellations. Le ciel autour
de la Terre a été divisé en
88 constellations, chacune
représentant un personnage,
un animal ou un objet
mythologique.

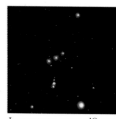

LA CONSTELLATION D'ORION
Les trois étoiles brillantes
alignées forment le Baudrier
d'Orion, grand chasseur
de la mythologie
grecque, très
repérable.

SPHÈRE CÉLESTE VUE
DE L'HÉMISPHÈRE
NORD

AUTOUR DE LA SPHÈRE
Différentes régions de la sphère céleste
deviennent visibles lors de la progression de la
terre sur son orbite. Il en résulte un défilement
apparent annuel des constellations.

*Position de la
Terre en mars.*

*Constellations
visibles depuis
la Terre en mars.*

IL Y A 100 000 ANS

AUJOURD'HUI

DANS 100 000 ANS

CHANGEMENT DE FORME
Les constellations semblent fixes,
mais elles changent lentement.
L'évolution du Grand Chariot n'est
visible que sur une longue période.

LIGNES DE VISÉE
Pour nous les constellations
sont des figures plates posées
sur le fond de l'espace, mais, en réalité,
les étoiles peuvent être aussi distantes
les unes des autres qu'elles le sont
de la Terre. Les étoiles du Grand
Chariot semblent proches
les unes des autres mais
elles sont beaucoup
plus éloignées
les unes des autres
qu'il n'y paraît.

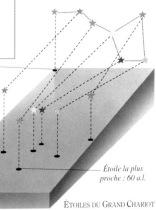

*Étoile la plus
éloignée :
110 a.l.*

*Étoile la plus
proche : 60 a.l.*

ÉTOILES DU GRAND CHARIOT

49

LE CATALOGUE DES ÉTOILES

On classe les étoiles en fonction
des constellations auxquelles
elles appartiennent : chaque
étoile y est identifiée par une lettre
ou un nombre. Les autres
objets célestes sont
classés séparément.

*Le dessin de la
constellation est tracé
autour des étoiles.*

ORION

LA NÉBULEUSE D'ORION
Dans le ciel, c'est une tache
de lumière pâle et floue, juste
au-dessous du Baudrier d'Orion

CAS POSSESSIF
Toutes les constellations portent
un nom latin. Quand on parle d'une
étoile particulière, on utilise le cas
possessif du nom latin. Par exemple,
les étoiles de la constellation d'Orion
sont appelées Orionis.

LA CARTE DU CIEL
On y rassemble toutes
les constellations. Toutes
les étoiles situées
à l'intérieur des limites
d'une constellation
appartiennent à
cette constellation,
même si elles ne semblent
pas reliées à l'étoile
qui lui donne son nom.

GALAXIES ET NÉBULEUSES

Les objets non stellaires, comme les amas brillants d'étoiles, les nébuleuses et autres galaxies, sont classés séparément d'après le catalogue de Messier (nombres précédés de la lettre M) ou le New General Catalogue (nombres précédés de NGC).

LETTRES GRECQUES

Les étoiles les plus brillantes d'une constellation sont désignées par une lettre grecque. La plus brillante est désignée par alpha (α), la plus brillante après la première, par beta (β) et ainsi de suite, mais cette règle n'est pas toujours suivie.

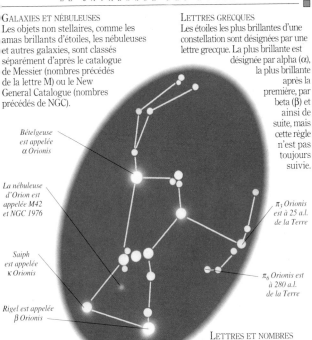

Bételgeuse est appelée α Orionis

La nébuleuse d'Orion est appelée M42 et NGC 1976

Saiph est appelée κ Orionis

Rigel est appelée β Orionis

π_3 Orionis est à 25 a.l. de la Terre

π_6 Orionis est à 280 a.l. de la Terre

NOMS ARABES

Un grand nombre d'étoiles brillantes sont encore connues sous le nom que leur avaient attribué les astronomes arabes il y a plus de 800 ans, par exemple, Bételgeuse, Saiph et Rigel.

LETTRES ET NOMBRES

L'alphabet grec ne possède pas assez de lettres pour désigner toutes les étoiles des constellations. On utilise aussi les lettres capitales et les chiffres romains. Dans certains cas, on utilise les lettres grecques avec un chiffre en indice pour identifier des étoiles proches les unes des autres, par exemple π_3 et π_6 Orionis.

LE ZODIAQUE

Douze constellations forment le Zodiaque, large
bande de part et d'autre de l'écliptique, figurant
l'orbite du Soleil sur la sphère céleste. Le soleil
les traverse l'une après l'autre, en une année, passant
un mois dans chaque constellation. Dans le Zodiaque
se meuvent aussi la Lune et les planètes. Les dates
ci-dessous indiquent approximativement le jour
d'entrée du Soleil dans chaque constellation.

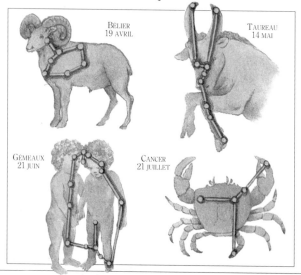

BÉLIER
19 AVRIL

TAUREAU
14 MAI

GÉMEAUX
21 JUIN

CANCER
21 JUILLET

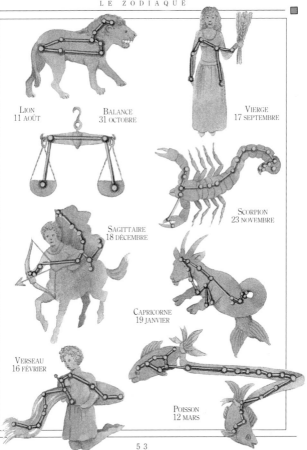

LION
11 AOÛT

BALANCE
31 OCTOBRE

VIERGE
17 SEPTEMBRE

SAGITTAIRE
18 DÉCEMBRE

SCORPION
23 NOVEMBRE

CAPRICORNE
19 JANVIER

VERSEAU
16 FÉVRIER

POISSON
12 MARS

PRÈS OU LOIN ?

Les étoiles sont très loin de nous
et à de grandes distances les
unes des autres. La lumière met
8,3 minutes pour aller du Soleil à
la Terre. Après le soleil, la lumière
de l'étoile la plus proche, Proxima
Centauri, met 4 ans et 4 mois
à nous parvenir. On ne peut
évaluer la distance des étoiles en
les regardant. Mais on peut noter
de légères différences dans leur
couleur et leur éclat apparent.

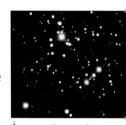

À DES ANNÉES-LUMIÈRE
Toutes les étoiles de cet amas
lointain semblent être à la
même distance de la Terre.
En réalité, de nombreuses
années-lumière les séparent.

QUEL ÉCLAT, QUELLE DISTANCE ?
Des étoiles de même magnitude apparente (éclat)
peuvent être à des distances très différentes
de la Terre. La distance qui nous sépare
des objets de la constellation
d'Orion est comprise entre 70
et 2 300 a.l. de la Terre,
l'étoile la plus brillante,
Rigel, est à plus
de 900 a.l.

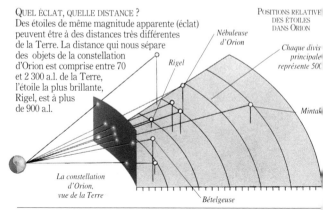

POSITIONS RELATIVE
DES ÉTOILES
DANS ORION

Nébuleuse
d'Orion

Rigel

Chaque divis
principale
représente 500

Mintak

La constellation
d'Orion,
vue de la Terre

Bételgeuse

ÉTOILES LES PLUS PROCHES DU SOLEIL

Nom	Distance	Couleur
Proxima Centauri	4.2 a.l.	rouge
α Centauri A	4.3 a.l.	jaune
α Centauri B	4.3 a.l.	orange
Étoile de Barnard	5.9 a.l.	rouge
Wolf 359	7.6 a.l.	rouge
Lalande 21185	8.1 a.l.	rouge
Sirius A	8.6 a.l.	blanche
Sirius B	8.6 a.l.	blanche

LE SAVIEZ-VOUS ?

• Proxima Centauri fait partie d'un système triple, avec α Centauri A et α Centauri B.
• L'étoile la plus brillante, Sirius A, a pour compagne une pâle naine blanche, Sirius B.

ÉTOILES VOISINES

De nombreuses étoiles situées dans un rayon de 40 a.l. du Soleil sont de faibles naines rouges, comme l'étoile de Barnard, invisibles à l'œil nu. D'autres, comme Véga, sont 50 fois plus lumineuses que le Soleil.

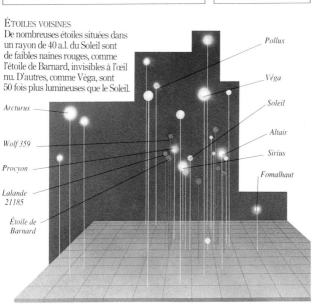

Pollux

Véga

Soleil

Altair

Sirius

Fomalhaut

Arcturus

Wolf 359

Procyon

Lalande 21185

Étoile de Barnard

LE CIEL BORÉAL

Les gens qui vivent dans l'hémisphère Nord voient
la moitié Nord de la sphère céleste. Les étoiles
visibles au cours d'une nuit précise dépendent
de la latitude à laquelle se trouve l'observateur,
du moment de l'année et de l'heure de la nuit.
Les étoiles proches du centre de la carte
du ciel sont appelées circumpolaires et
sont visibles toute l'année. L'étoile Polaire
semble fixe au-dessus du pôle Nord.

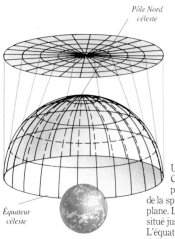

*Pôle Nord
céleste*

Arcturus

*Équateur
céleste*

UNE SPHÈRE PROJETÉE
Cette carte du ciel est une
projection de la moitié Nord
de la sphère céleste sur une surface
plane. Le pôle Nord terrestre est
situé juste sous le centre de la carte.
L'équateur céleste est une projection
de l'équateur terrestre dans l'espace.

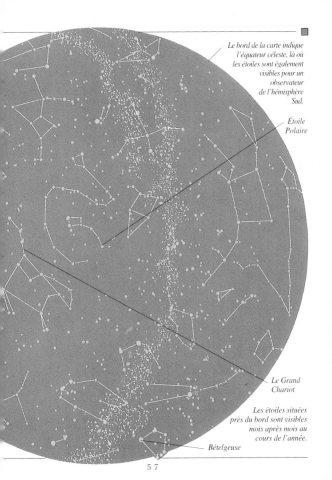

Le bord de la carte indique l'équateur céleste, là où les étoiles sont également visibles pour un observateur de l'hémisphère Sud.

Étoile Polaire

Le Grand Chariot

Les étoiles situées près du bord sont visibles mois après mois au cours de l'année.

Bételgeuse

LE CIEL AUSTRAL

Les gens de l'hémisphère Sud voient la moitié Sud
de la sphère céleste. Les étoiles visibles dépendent
de la latitude à laquelle se trouve l'observateur,
du moment de l'année et de l'heure de la nuit.
Les étoiles proches du centre de la carte
du ciel sont appelées circumpolaires et
sont visibles toute l'année. Alpha Centauri,
l'une des étoiles les plus proches du Soleil,
est une étoile de l'hémisphère Sud.

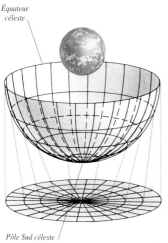

*Équateur
céleste*

*Alpha
Centauri*

Antarès

Pôle Sud céleste

SPHÈRE PROJETÉE
Cette carte du ciel
est une projection
de la moitié sud de la
sphère céleste sur une
surface plane. Le pôle Sud
terrestre est situé juste
sous le centre de la carte.
L'équateur céleste est
une projection de l'équateur
terrestre dans l'espace.

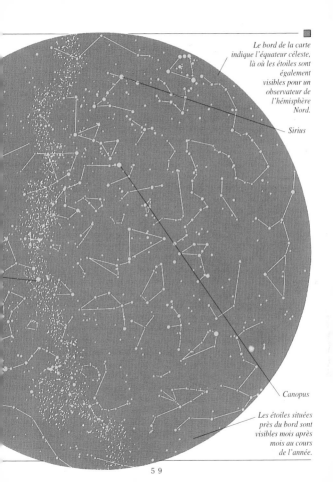

Le bord de la carte indique l'équateur céleste, là où les étoiles sont également visibles pour un observateur de l'hémisphère Nord.

Sirius

Canopus

Les étoiles situées près du bord sont visibles mois après mois au cours de l'année.

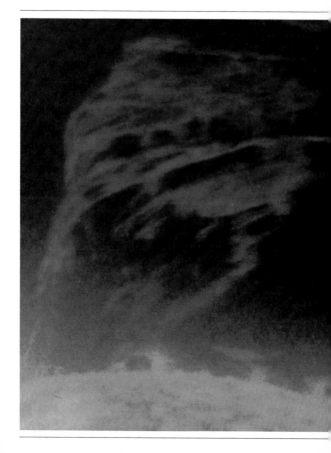

LE SYSTÈME SOLAIRE

QU'EST-CE QUE LE SYSTÈME SOLAIRE ?

Composé par le Soleil et les objets célestes qui tournent autour de lui : neuf planètes, plus de 60 lunes et d'innombrables astéroïdes et comètes. Le système solaire occupe dans l'espace un volume de la forme d'un disque de plus de 12 milliards de kilomètres de diamètre dont le centre, le Soleil, contient 99 % de la masse.

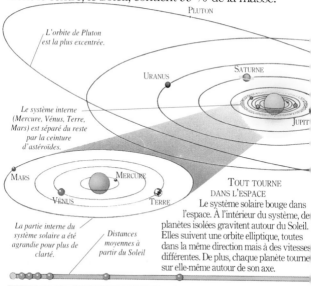

PLUTON

L'orbite de Pluton est la plus excentrée.

URANUS

SATURNE

Le système interne (Mercure, Vénus, Terre, Mars) est séparé du reste par la ceinture d'astéroïdes.

JUPIT

MARS

MERCURE

VÉNUS

TERRE

La partie interne du système solaire a été agrandie pour plus de clarté.

Distances moyennes à partir du Soleil

TOUT TOURNE DANS L'ESPACE

Le système solaire bouge dans l'espace. A l'intérieur du système, de planètes isolées gravitent autour du Soleil. Elles suivent une orbite elliptique, toutes dans la même direction mais à des vitesses différentes. De plus, chaque planète tourne sur elle-même autour de son axe.

LE SAVIEZ-VOUS ?

• Les images dues aux télescopes les plus récents font penser que certaines autres étoiles forment des systèmes planétaires.

• Les astronomes estiment à 61 le nombre de lunes du système solaire. On pense que de nouvelles sondes spatiales découvriront d'autres lunes en orbite autour des planètes extérieures.

MERCURE

VÉNUS

TERRE

MARS

Chacune des quatre planètes gazeuses est entourée d'un anneau – les anneaux ne sont pas représentés ici pour faciliter la comparaison.

JUPITER

Les orbites sont plus elliptiques (ovales) que circulaires.

NEPTUNE

SATURNE

Le temps mis par une planète pour décrire son orbite autour du Soleil est appelé période orbitale.

URANUS

NEPTUNE

NEUF PLANÈTES
Elles forment deux groupes : quatre planètes intérieures constituées de roches et quatre plus grandes constituées principalement de gaz liquéfié ; la plus éloignée, Pluton, est surtout constituée de roches.

PLUTON

Pluton est la plus petite et la moins connue des planètes.

L'ATTRACTION SOLAIRE

Il y a 4 600 millions d'années, le système solaire naquit
d'un nuage de poussière et de gaz. Le Soleil se forma
d'abord, puis les planètes.
L'attraction du Soleil
domine le sytème parce
qu'il est extrêmement
massif, comparé
aux autres planètes.

CONDENSATION
Le jeune Soleil, entouré d'un
nuage de gaz, de neige et de
poussière, s'aplatit jusqu'à
former un disque.
De la poussière regroupée
naquirent les quatre
planètes telluriques intérieures.
Les planètes géantes extérieures
naquirent ensuite.

TRAJECTOIRES ORBITALES
La plupart des planètes décrivent leur orbite près
du plan de l'orbite terrestre (l'écliptique). Pluton
a l'orbite la plus inclinée, probablement parce
qu'elle est la plus éloignée et la moins influencée
par la gravité solaire. Cependant, la planète
la plus inclinée après Pluton
est Mercure (7°) qui est
la planète la plus
proche du
Soleil.

LES PLANÈTES :
INCLINAISON ORBITALE
SUR L'ÉCLIPTIQUE

Pluton : 17,2°
Mercure : 7°
Vénus : 3,39°
Saturne : 2,49°
Mars : 1,85°
Neptune : 1,77°
Jupiter : 1,3°
Uranus : 0,77°
Terre : 0°

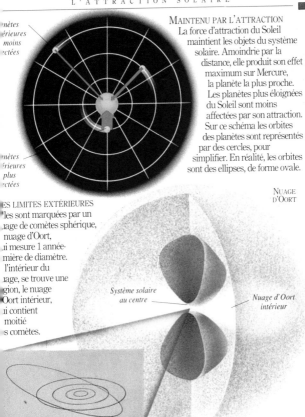

nètes
érieures
moins
ectées

MAINTENU PAR L'ATTRACTION

La force d'attraction du Soleil
maintient les objets du système
solaire. Amoindrie par la
distance, elle produit son effet
maximum sur Mercure,
la planète la plus proche.
Les planètes plus éloignées
du Soleil sont moins
affectées par son attraction.
Sur ce schéma les orbites
des planètes sont représentés
par des cercles, pour
simplifier. En réalité, les orbites
sont des ellipses, de forme ovale.

nètes
érieures
plus
ectées

ES LIMITES EXTÉRIEURES

les sont marquées par un
uage de comètes sphérique,
nuage d'Oort,
ui mesure 1 année-
mière de diamètre.
l'intérieur du
uage, se trouve une
gion, le nuage
Oort intérieur,
ui contient
moitié
s comètes.

NUAGE
D'OORT

Système solaire
au centre

Nuage d'Oort
intérieur

LE SOLEIL

Comme les autres étoiles, le Soleil est une énorme boule de gaz en rotation. Les réactions nucléaires qui se produisent dans son noyau dégagent de l'énergie. Il est la seule étoile assez proche pour être étudiée : taches solaires et granulations sont observables depuis la Terre. Les satellites et les sondes spatiales apportent une vision plus affinée et plus précise.

ÉCLIPSE DE SOLEIL
La couche externe du Soleil – sa couronne – devient alors visible. En temps normal, la couronne est cachée par la lumière aveuglante du Soleil.

Année 1

Année 4

Année 7

Année 10

Année 12

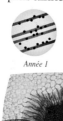

Photosphère – surface visible du Soleil

Pénombre – partie externe de la tache solaire

Ombre – partie la plus froide et la plus sombre

FROIDES ET OBSCURES
Les taches solaires sont des zones de gaz plus froids dues à des perturbations dans le champ magnétique solaire. Elles suivent un cycle de 11 ans qui commence par une période où le Soleil n'a pas de taches. Celles-ci apparaissent à haute latitude et leur nombre augmente en progressant vers l'équateur solaire.

LE SOLEIL EN QUELQUES CHIFFRES

Distance moyenne de la Terre	149 680 000 km
Distance du centre de la Galaxie	30 000 a.l.
Diamètre (à l'équateur)	1 391 980 km
Durée d'une rotation (à l'équateur)	25,04 jours terrestres
Masse (Terre = 1)	330 000
Gravité (Terre = 1)	27,9
Densité moyenne (eau = 1)	1,41
Magnitude absolue	4,83

LE SAVIEZ-VOUS ?

• Il ne faut pas regarder le soleil en face, même avec des lunettes de soleil : on risque de se brûler les yeux.
• La bonne solution est de projeter l'image du Soleil sur un morceau de papier en utilisant une lentille optique.

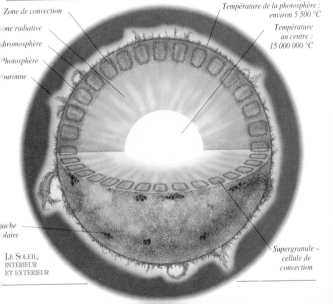

Zone de convection

one radiative

hromosphère

Photosphère

ouronne

Température de la photosphère : environ 5 500 °C

Température au centre : 15 000 000 °C

ache olaire

LE SOLEIL, INTÉRIEUR ET EXTÉRIEUR

Supergranule – cellule de convection

ÉNERGIE ET INFLUENCE SOLAIRES

Dans son noyau, le soleil transforme 600 millions de
tonnes d'hydrogène à la seconde.
L'énergie ainsi dégagée
peut atteindre la surface
et se répandre
dans l'espace.

*La lumière visible et les autres
radiations voyagent de la surface
du Soleil à la Terre en 8 minutes environ.*

*Les réactions
nucléaires
du noyau produisent
des rayons gamma.*

*Les rayons gamma
mettent jusqu'à deux
millions d'années pour
arriver à la surface et
perdent de l'énergie
durant leurs trajets.*

LES ÉRUPTIONS SOLAIRES
Des jets de gaz chaud jaillissent
à la surface du Soleil et s'élèvent à
des milliers de kilomètres. Les plus
importants – les protubérances –
peuvent durer plusieurs mois.
Retenues par le champ magnétique
solaire, certaines décrivent
des boucles gigantesques.

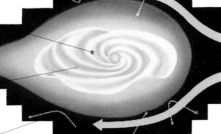

Le vent solaire fait dévier le gaz interstellaire.

Le vent solaire met environ 5 jours pour atteindre la Terre.

Autour de la Terre, le vent solaire souffle à environ 500 km/sec.

Le vent solaire fait dévier la plupart des rayons cosmiques.

AMPLEUR DE L'INFLUENCE

Le Soleil influe sur un énorme espace autour de lui. Des gaz émanant de la couronne se transforment en un vent solaire qui souffle à grande vitesse. Le vent solaire entraîne un champ magnétique en provenance du Soleil qui, soumis aux rotations solaires, prend une forme de spirale. Le volume d'espace balayé par le vent solaire est appelé héliosphère.

SONDE SOLAIRE ULYSSES

Détecteurs situés sur le bras articulé.

VERS LES PÔLES SOLAIRES

L'orbite de la Terre dans le plan de l'équateur solaire empêche l'étude des pôles du Soleil depuis la Terre. La sonde Ulysses fut lancée en 1990 pour étudier ces régions difficiles à observer.

LE SAVIEZ-VOUS ?

• En transformant l'hydrogène en hélium, le Soleil perd quatre millions de tonnes toutes les secondes.

• La quantité d'énergie solaire qui atteint la surface terrestre (appelée constante solaire) est équivalente à 1,37 kw (kilowatts) d'électricité par mètre carré et par seconde.

LES PLANÈTES

MERCURE

Mercure est la planète la plus
proche du Soleil. C'est un petit
monde de roches avec un gros
noyau dense. La plus grande
partie de cette planète,
où il n'y a pas d'atmosphère,
est criblée de cratères. Sous
l'effet du Soleil, Mercure subit
les plus grandes variations
de température de toutes
les planètes du système solaire.
La différence entre les jours et
les nuits peut dépasser 600 °C.

DIFFICILE À VOIR
Les photos prises depuis
la Terre montrent Mercure
comme un disque jaunâtre,
difficile à observer à cause de
sa position par rapport au Soleil.
Cette image est une mosaïque
de plusieurs photographies
prise par la sonde Mariner 10.

Terre

Mercure

MERCURE EN QUELQUES CHIFFRES

Distance moyenne du Soleil	57,9 millions km
Durée d'une révolution	88 jours terrestres
Vitesse orbitale	47,9 km/sec.
Durée d'une rotation	58,7 jours terrestres
Diamètre à l'équateur	4 878 km
Température de surface	-180 °C à +430 °C
Masse (Terre = 1)	0,055
Gravité (Terre = 1)	0,38
Nombre de satellites	0

LE SAVIEZ-VOUS ?

• La planète doit son
nom au messager des
dieux romains, parce
qu'elle file à grande
vitesse dans notre ciel.

• Le plus grand
cratère de Mercure,
Caloris Planitia,
mesure 1 400 km
de diamètre.

56% oxygène

35% sodium

8% hélium

1% potassium et hydrogène

MERCURE : COMPOSITION
DE L'ATMOSPHÈRE

AIR PEU ÉPAIS
Son atmosphère est
très mince : moins
d'un trillionième de celle
de la Terre. Le sodium
et le potassium y sont
présents seulement
pendant la journée :
la nuit, ils sont absorbés
par la surface rocheuse.

VUE PRISE PAR UNE SONDE
Les cratères couvrent près
de 60 % de sa surface. 40 %
sont constitués de plaines
assez peu accidentées.

*L'atmosphère est plus
dense pendant la journée.*

*La température
diurne est
d'environ
430 °C.*

*Le noyau composé de fer
représente 80 % de la
masse de la planète.*

*Manteau
de roches
siliceuses*

*Fine
croûte
rocheuse*

LA STRUCTURE
DE MERCURE

*La température
nocturne est
d'environ -180 °C.*

DE LONGUES JOURNÉES
Mercure tourne lentement
autour d'un axe presque
vertical, incliné de 2° seulement
par rapport au plan de son orbite.
Une journée sur Mercure dure
l'équivalent de 176 jours terrestres.
Bien que les jours soient très longs,
l'année sur Mercure est très courte.
La planète ne met que 88 jours terrestres
pour décrire son orbite autour du Soleil.

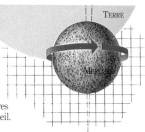

TERRE

MERCURE

INCLINAISON
DE L'AXE : 2°

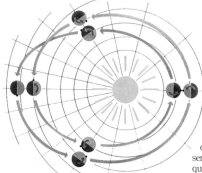

UNE ORBITE EXCENTRIQUE
La combinaison de journées
longues et d'années courtes
surprendraient d'éventuels
habitants. Pendant que
Mercure décrit deux orbites
(montrées ici séparément)
un observateur à la surface
de la planète (marqué par un
point) ne vivrait qu'une journée
de Mercure. Les anniversaires
seraient plus fréquents
que le lever du Soleil.

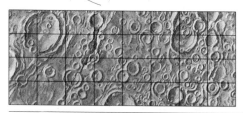

SA SURFACE
Les photos de
Mariner 10 ont
servi à établir
des cartes de
Mercure. Chaque
carreau de la grille
représente à peu
près 80 x 80 km.

FORMATION DES CRATÈRES D'IMPACT SUR LES PLANÈTES ROCHEUSES

Les matériaux éjectés par l'impact d'un météorite crée, en retombant, un cratère circulaire.

La roche comprimée par l'impact initial peut rebondir vers le centre et former un pic conique.

Le profil du cratère s'adoucit à mesure que des fragments de roche glissent des parois et du pic.

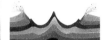

UN VISITEUR SOLITAIRE

Mariner 10 est la seule sonde qui ait étudié Mercure en détail. Lancée en novembre 1973, il lui fallut 5 mois pour atteindre la planète. Au cours de trois explorations rapprochées, la sonde a photographié environ 40 % de la surface. Mariner 10 a pu s'approcher jusqu'à 300 km de Mercure.

Caméras haute résolution

SONDE MARINER 10

MERCURE : DES CRATÈRES AUX NOMS PRESTIGIEUX

Les cratères de Mercure portent des noms d'artistes.

Écrivains	Compositeurs	Peintres	Architectes
Brontë	Bach	Bruegel	Bernini
Cervantes	Chopin	Cezanne	Bramante
Dickens	Grieg	Dürer	Imhotep
Goethe	Handel	Holbein	Mansart
Li Po	Liszt	Monet	Michel-Ange
Melville	Mozart	Renoir	Sinan
Shelley	Stravinsky	Titien	Sullivan
Tolstoï	Verdi	Van Gogh	Wren

LE SAVIEZ-VOUS ?

• Mercure n'est vu de la Terre que juste avant le coucher du soleil ou juste après son lever.
• Sa surface a par endroit un aspect ridé, né du rétrécissement de la planète à mesure que son noyau refroidit.

VÉNUS

Planète rocheuse à l'atmosphère dense, Vénus est presque de la même taille que la Terre. Si leurs surfaces présentent quelques ressemblances, les conditions au sol y sont très différentes. L'environnement de Vénus est très hostile : chaleur intense, pression écrasante, air irrespirable. Son atmosphère est chargée de gros nuages contenant des gouttelettes d'acide sulfurique.

OBSCURCIE PAR DES NUAGES
La surface de Vénus est cachée en permanence par une épaisse couche de nuages. Les tourbillons obscurs sont des sytèmes de vents de haute altitude.

Vénus

Terre

VÉNUS EN QUELQUES CHIFFRES	
Distance moyenne du Soleil	108,2 millions km
Durée d'une révolution	224,7 jours terrestres
Vitesse orbitale	35 km/sec.
Durée d'une rotation	243 jours terrestres
Diamètre équatorial	12 102 km
Température de surface	480 °C
Masse (Terre = 1)	0,81
Gravité (Terre = 1)	0,88
Nombre de satellites	0

LE SAVIEZ-VOUS ?
• Vénus est brillante car sa couverture nuageuse réfléchit la plus grande partie de la lumière solaire.
• Elle a des phases, comme la Lune, visibles au télescope. Il suffit de jumelles pour voir la phase du croissant.

*Couche
périeure
brumes*

*Couche
g nuages
e 20 km
épaisseur*

*Couche
érieure
brumes*

NUS : STRUCTURE
T COMPOSITION
E L'ATMOSPHÈRE

SOUS LES NUAGES

Il s'y trouve une atmosphère
de gaz carbonique.
La pression atmosphérique
équivaut à 90 fois celle de la
Terre au niveau de la mer.

96 % gaz carbonique

3,5 % azote

0,5 % anhydride sulfureux,
argon et oxyde de carbone.

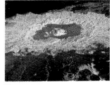

RECONSTITUTION

Voici une image informatique,
du cratère de la météorite de
Howe (37 km de diamètre).
Elle provient de données
obtenues grâce
aux techniques
radar de
cartographie.

*Croûte
de silicate*

Manteau rocheux

*Noyau semi-solide
de fer et de nickel*

STRUCTURE
DE VÉNUS

ROTATION RÉTROGRADE
Vénus est seule, avec Pluton,
à tourner à l'envers autour
de son axe. Cette rotation est si lente
qu'une journée sur Vénus dure
plus longtemps (243 jours terrestres)
qu'une année (224 jours terrestres).
L'atmosphère de Vénus, poussée
par des vents puissants, bouge plus
rapidement : les régions supérieures
de la couche nuageuse ne mettent
que quatre jours terrestres pour
faire le tour de la planète.

INCLINAIS...
DE L'AXE 2

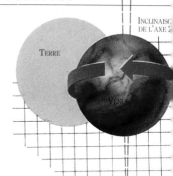

TERRE

VÉNUS

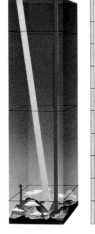

100 km

TERRE

VÉNUS

*Lumière solaire
réfléchie par la
couche nuageuse*

LA PLANÈTE-SERRE
En surface, la température de
Vénus est plus élevée (480°) que
celle de toutes les autres planètes
du système solaire. C'est le résulta...
d'un violent "effet de serre".
Bien que la couche nuageuse
réfléchisse la majeure partie
de la lumière solaire qui la frappe,
une partie de l'énergie calorifique
du Soleil atteint la surface. Mais,
au lieu d'être renvoyée dans l'espac...
cette énergie est emprisonnée
par la couche de nuages et fait
monter la température. Sur Terre
la couche nuageuse laisse échapp...
beaucoup plus de chaleur.

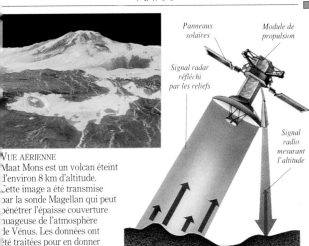

Panneaux solaires

Module de propulsion

Signal radar réfléchi par les reliefs

Signal radio mesurant l'altitude

VUE AÉRIENNE
Maat Mons est un volcan éteint
d'environ 8 km d'altitude.
Cette image a été transmise
par la sonde Magellan qui peut
pénétrer l'épaisse couverture
nuageuse de l'atmosphère
de Vénus. Les données ont
été traitées pour en donner
une image située à environ
1,6 km de la surface.

QUELQUES ÉTAPES DE L'EXPLORATION

Sonde	Date	Résultat
Mariner 2	14/12/62	Survol réussi
Venera 4	18/10/67	Échantillons d'atmosphère
Venera 7	15/12/70	Données transmises de la surface
Mariner 10	5/02/74	Sonde en route pour Mercure
Venera 9	23/10/75	Première mise sur orbite, atterrissage, image du sol
Venera 15	10/10/83	Premières cartes radar
Pioneer-Venus 2	9/12/78	Images détaillées de l'atmosphère
Magellan	10/08/90	Cartographie radar totale

LE SAVIEZ-VOUS ?

• On a parfois dit
que Vénus avait une
rotation inversée. C'est
faux. D'après les règles
de l'IAU (International
Astronomical Union),
Vénus tourne dans
le sens normal autour
d'un axe incliné
à 177,9° par rapport
à la verticale.

LA TERRE

Troisième planète à partir
du Soleil, la Terre est unique
dans le système solaire et
peut-être dans tout l'univers ;
ses variations de température
permettent l'existence
de l'eau liquide et
son atmosphère est riche
en oxygène. Ces deux
particularités ont permis
à notre planète rocheuse
d'abriter d'innombrables
variétés de vie.

UN JOYAU DANS L'ESPACE
Sur cette photographie prise
d'Apollo 11 pendant le voyage
de retour de la Lune, la planète
Terre ressemble à un joyau
brillamment coloré : bleu
des océans, blanc des nuages
et vert-brun de la terre.

Terre

LA TERRE EN QUELQUES CHIFFRES

Distance moyenne du Soleil	149,6 millions km
Durée d'une révolution	365,25 jours
Vitesse orbitale	29,8 km/sec.
Durée d'une rotation	23,93 heures
Diamètre équatorial	12 756 km
Température de surface	-70 °C à + 55 °C
Gravité (Terre = 1)	1
Nombre de lunes	1

LE SAVIEZ-VOUS ?

• Les plus vieilles
roches découvertes
dans l'écorce terrestre
remontent à 3 milliards
900 millions d'années.
• L'oxygène terrestre
est le résultat de la vie :
l'oxygénation a
commencé avec les
bactéries il y a 2
milliards d'années.

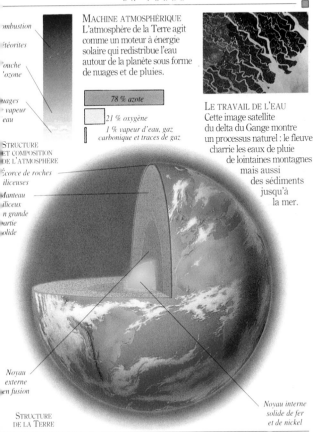

ombustion

téorites

*ouche
'ozone*

*uages
* vapeur
eau*

STRUCTURE
ET COMPOSITION
DE L'ATMOSPHÈRE

*Écorce de roches
siliceuses*

*Manteau
siliceux
n grande
artie
olide*

*Noyau
externe
en fusion*

STRUCTURE
DE LA TERRE

MACHINE ATMOSPHÉRIQUE
L'atmosphère de la Terre agit
comme un moteur à énergie
solaire qui redistribue l'eau
autour de la planète sous forme
de nuages et de pluies.

78 % azote

21 % oxygène

*1 % vapeur d'eau, gaz
carbonique et traces de gaz*

LE TRAVAIL DE L'EAU
Cette image satellite
du delta du Gange montre
un processus naturel : le fleuve
charrie les eaux de pluie
de lointaines montagnes
mais aussi
des sédiments
jusqu'à
la mer.

*Noyau interne
solide de fer
et de nickel*

UNE CHALEUR INÉGALE
L'axe de rotation de la Terre
est incliné à 23,5° par rapport
à la verticale. Au cours
de la trajectoire terrestre autour
du Soleil, cette inclinaison
crée les variations climatiques
saisonnières, davantage
perceptibles sous les latitudes
éloignées de l'équateur. La rotation
produit un réchauffement inégal de
la surface par le Soleil, entraînant des
différences de pression atmosphérique
qui donnent naissance aux sytèmes de
vents qui commandent le climat terrestre.

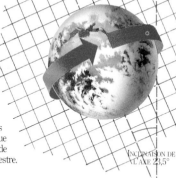

INCLINAISON DE
L'AXE 23,5°

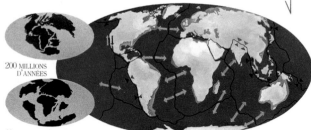

200 MILLIONS
D'ANNÉES

60 MILLIONS D'ANNÉES

IL Y A 200 MILLIONS D'ANNÉES
Les continents étaient groupés.

IL Y A 60 MILLIONS D'ANNÉES
Les continents avaient
amorcé leur mouvement vers
leur emplacement actuel.

LE DÉPLACEMENT DES PLAQUES
Les continents "flottent" à la surface de la croûte
terrestre, constituée de plaques séparées qui se
déplacent, s'écartant les unes des autres à mesure que
la croûte terrestre se reforme au milieu des océans.
Il en résulte un lent déplacement des continents.
Les zones de collision des plaques sont couvertes
de volcans et sujettes aux tremblements de terre.

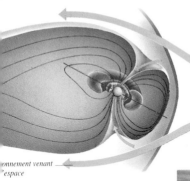

onnement venant
'espace

UN AIMANT TOURNOYANT

Le champ magnétique de la Terre est plus puissant que celui de toutes les autres planètes rocheuses. Produit par la rotation rapide du noyau de fer et de nickel, il se prolonge dans l'espace et détourne de notre planète les rayons nocifs. Malgré sa forme ovoïde allongée, le champ magnétique terrestre est appelé magnétosphère.

EAU DE LA VIE

eau n'existe sous forme liquide qu'entre 0 °C et
0 °C, écarts de températures qui correspondent
ceux que l'on trouve sur la Terre. L'eau à l'état
quide est indispensable à pratiquement toutes
s formes de vie. Avec le gaz carbonique, c'est
ne des deux matières premières utilisées par
s plantes pour produire leur propre nourriture et
urnir l'oxygène indispensable à la vie animale.

LA TERRE EN QUELQUES CHIFFRES

Âge	4 600 millions d'années
Masse	59 760 milliards de tonnes
Superficie	510 millions km2
Surface couverte par les eaux	70,8 %
Point culminant	8 848 m
Profondeur océanique maximale	10 924 m
Trace de vie la plus ancienne	3 500 millions d'années

LE SAVIEZ-VOUS ?

• L'océan Atlantique s'agrandit de près de 3 cm par an.
• La Terre subit des renversements magnétiques quand le pôle Nord devient le pôle Sud et que le sud devient le nord.

LA LUNE DE LA TERRE

La Terre a un seul satellite dont la taille est à peu près le quart de la sienne. Bien que la Terre et la Lune soient étroitement liées, elles sont très différentes. La Lune est un endroit dépourvu d'eau, d'air et de vie. Sa surface est couverte de cratères, cicatrices d'un bombardement météoritique intense qui eut lieu il y a des milliards d'années.

UNE IMAGE FAMILIÈRE
Certains détails de la surface lunaire peuvent être vus à l'œil nu. L'usage de jumelles ou d'un petit télescope en révélera un grand nombre d'autres.

La distance de la Lune à la Terre varie au cours de son mouvement orbital.

Minimale   *Moyenne*   *Maximale*

LA LUNE EN QUELQUES CHIFFRES

Distance moyenne à la Terre	384 400 km
Durée d'une révolution	27,3 jours terrestres
Vitesse orbitale	1km/sec.
Durée d'une rotation	27,3 jours terrestres
Diamètre équatorial	3 476 km
Température de surface	–155 °C à +105 °C
Masse (Terre = 1)	0,012
Gravité (Terre = 1)	0,16
Vitesse de libération	2,38 km/ sec.

LE SAVIEZ-VOUS ?

• La Lune représente à peu près la même superficie que les continents Nord et Sud-américains.

• L'attraction lunaire est en grande partie responsable des marées quotidiennes sur la Terre.

ON A MARCHÉ SUR LA LUNE
La Lune est à ce jour le seul objet
extraterrestre sur lequel l'homme
a posé le pied. Protégé par un
scaphandre spatial, l'un des
astronautes d'Apollo 17 étudie
un énorme rocher. Grâce à l'absence
de vent et de pluie, l'empreinte
de ses pas devrait être encore
visible dans des millions d'années.

*Couche
superficielle
de fine poussière*

*Croûte – plus épaisse
sur la face cachée
que sur la face visible.*

Manteau

*Noyau
externe*

*Petit noyau
interne*

STRUCTURE
DE LA LUNE

*L'illustration
montre la face
cachée de la Lune,
invisible depuis
la Terre.*

TOUJOURS LA MÊME FACE

La Terre, plus grosse et plus massive que la Lune, a une influence importante sur sa petite voisine. Sous l'effet de la gravitation terrestre, le mouvement de la Lune dans l'espace a été ralenti de sorte que la durée d'une de ses rotations est égale à sa période orbitale : 27,3 jours. La synchronisation de ces deux mouvements explique pourquoi c'est toujours la même face de la Lune qui est tournée vers notre planète. L'autre face est toujours cachée.

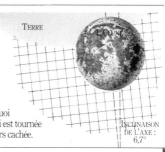

TERRE

LA LUNE

INCLINAISON DE L'AXE : 6,7°

LA SURFACE RAVAGÉE

Il y a à peu près 3,8 milliards d'années, la Lune subit un énorme bombardement météoritique.

Un milliard d'années plus tard, les grands cratères se sont remplis de lave, formant les mers lunaires.

Depuis, son aspect n'a presque pas changé, à l'exception de quelques nouveaux cratères à traînées rayonnantes.

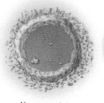

VIEUX CRATÈRE

CRATÈRES RAYONNANT

PAYSAGE CHANGEANT

La plupart des cratères ont près de 3 milliards d'années et beaucoup sont à peine visibles. Les plus récents sont reconnaissables aux rainures visibles de matériaux pâles éjectés des remparts du cratère.

ROCHE LUNAIRE

Environ 380 kg de roches lunaires ont été rapportées sur la Terre. On ne trouve pas de roches sédimentaires ou métamorphiques sur la Lune : tous les échantillons apportés sont soit des laves ignées (surtout du basalte), soit des débris produits par la chaleur et la force des impacts météoritiques.

Presque toute la surface lunaire est couverte d'une vingtaine de mètres d'épaisseur de roches broyées et fragmentées (appelées régolites).

ROCHES LUNAIRES PRÉLEVÉES PAR LES ASTRONAUTES D'APOLLO

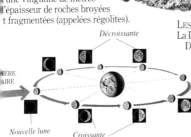

LES PHASES DE LA LUNE

La Lune réfléchit la lumière solaire. Dans sa trajectoire autour de la Terre, la zone visible change jour après jour. Ces formes, perceptibles depuis la Terre, constituent les phases lunaires : croissantes, de la nouvelle lune à la pleine lune, puis décroissantes jusqu'à la nouvelle lune suivante.

Décroissante

Nouvelle lune

Croissante

Pleine lune

QUELQUES ÉTAPES DE L'EXPLORATION

Vaisseaux	Date	Résultats
Luna 3	10/10/59	Images de la face cachée
Luna 9	3/02/66	Alunissage en douceur
Surveyor 3	17/04/67	Étude du sol au point d'alunissage
Apollo 11	20/07/69	Premiers hommes sur la Lune.
Luna 16	24/09/70	Échantillons ramassées par un robot
Luna 17	17/11/70	Alunissage d'un robot mobile
Apollo 15	30/07/71	Utilisation de la jeep lunaire
Apollo 17	11/12/72	Alunissage de la dernière mission

LE SAVIEZ-VOUS ?

• Neil Armstrong fut le premier astronaute à poser le pied sur la Lune le 21 juillet 1969.

• Ses premiers mots historiques, furent : "C'est un petit pas pour un homme, mais un pas de géant pour l'humanité".

MARS

Mars, la planète rouge, est froide, stérile et entourée d'une atmosphère légère. Elle a des points communs avec la Terre – calottes glaciaires polaires et lits de rivières asséchées – mais aussi d'importantes différences. Sur Mars, les températures dépassent rarement 0 °C, l'air est irrespirable et d'énormes nuages de poussière balayent la surface. Sa couleur rouge est due à la présence d'oxyde de fer.

VUE DE LOIN
Cette image a été transmise par un télescope en orbite autour de la Terre, à une distance de 85 millions de kilomètres de Mars. On voit des nuages bleutés au dessus de la région du pôle Nord

Terre

Mars

MARS EN QUELQUES CHIFFRES	
Distance moyenne au Soleil	227,9 millions km
Durée d'une révolution	687 jours terrestres
Vitesse orbitale	24,1 km/sec.
Durée d'une rotation	24,62 heures
Diamètre équatorial	6 786 km
Température de surface	-120 °C à +25 °C
Masse (Terre = 1)	0,107
Gravité (Terre = 1)	0,38
Nombre de satellites	2

LE SAVIEZ-VOUS ?
• On a donné à la planète Mars le nom du dieu de la guerre chez les Romains, parce que sa couleur évoque celle du sang répandu.
• La calotte glaciaire sud est plus grande que celle du nord et l'hiver est plus long dans l'hémisphère Sud.

Légers nuages de gaz carbonique gelé

Vapeur d'eau glacée

Poussière riche en fer

PRESQUE SANS EAU
On ne trouve de vapeur d'eau que dans les couches basses de l'atmosphère, dans les nuages ou les brouillards des vallées.

95 % gaz carbonique

2,7 % azote

1,6 % argon

0,76 % oxygène, oxyde de carbone et vapeur d'eau.

ATMOSPHÈRE DE MARS : STRUCTURE ET COMPOSITION

LE GRAND CANYON MARTIEN
Valles Marineris est le plus grand canyon de la Planète Mars : 4 500 km de longueur, 7 km de profondeur maximale.

Calotte glaciaire polaire composée de gaz carbonique gelé et de glace fondue

Noyau de roches solides

Manteau de roche siliceuse

Croûte rocheuse avec un permafrost de glace

STRUCTURE DE MARS

DES SAISONS

Mars, plus petite que la Terre, tourne plus lentement autour de son axe. Ainsi la longueur des jours est presque identique : une journée dure 41 minutes de plus que sur notre planète. Une inclinaison similaire de son axe donne à Mars des saisons comparables à celles de la Terre. Cependant, la durée d'une rotation étant plus longue (687 jours terrestres), les saisons durent deux fois plus longtemps.

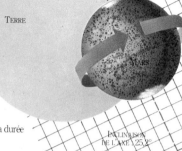

TERRE

MARS

INCLINAISON DE L'AXE : 25,2°

SURFACE DÉSERTIQUE

Cette photographie du sol martien a été prise par le lander Viking I dont on voit une partie au premier plan. Les roches au milieu du cliché mesurent à peu près 30 cm de diamètre, et cet aspect de désert rocailleux est caractéristique de 40 % de la surface martienne. Mais, certaines régions de la planète rouge sont beaucoup plus accidentées : les sommets d'Olympus Mons atteignent 25 000 m d'altitude.

Olympus Mons, véritable barrière volcanique, est la montagne la plus élevée de tout le système solaire.

À côté, le volcan terrestre Mauna Kea semble microscopique.

Îles hawaïennes   *Fond océanique*   *Niveau de la mer*

ORBITES DES SATELLITES DE MARS

Deimos

Phobos

7 6 5 4 3 2 1

ÉCHELLE EN RAYONS DE MARS

Plus petit et plus sombre que son compagnon

DEIMOS

PHOBOS

PETITS SATELLITES

Mars possède deux petites lunes, Phobos et Deimos, qui ne dépassent pas 30 km de long chacune. Toutes deux sont de forme irrégulière et semblent être des astéroïdes qui ont été capturés par l'attraction de Mars. Phobos tourne autour de Mars à une distance de 9 380 km en 7 heures et 40 minutes. Deimos tourne à près de trois fois cette distance, 23 462 km, et met environ 30 heures pour décrire une orbite autour de la planète.

Le cratère Stickney mesure près de 10 km de diamètre.

MARS EN QUELQUES CHIFFRES

Vaisseau spatial	Date	Résultat
Mariner 4	14/07/65	Premières images prises en vol
Mars 3	2/12/71	Orbite effectuée, le lander tient 20 secondes
Mariner 9	13/11/71	Carte établie par caméras, sondes mises en orbite
Viking 1 et	20/07/76	Atterrissages en douceur
Viking 2	3/09/76	Pas de trace de vie

LE SAVIEZ-VOUS ?

• Phobos signifie "peur" et Deimos "terreur". Ces deux compagnons conviennent parfaitement au dieu de la guerre.
• Vu depuis la planète Mars, Phobos traverse le ciel trois par jour.

JUPITER

C'est la plus grande des planètes.
Sa masse est de deux fois
et demi la masse de toutes
les autres planètes réunies. Elle
possède un petit noyau de roches
dures mais est surtout constituée
de gaz à différents stades.
Son manteau de gaz liquides
froids est plongé dans une
atmosphère dense. Les bandes
apparentes sont dues à un
système de vents puissants.

UNE GÉANTE GAZEUSE
Voyager 1 a transmis des clichés
de Jupiter d'une distance de 28,4
millions de kilomètres. On voit à
peine l'un de ses satellites, Io, sur
le fond de l'atmosphère de Jupiter

Terre　　　　*Jupiter*

JUPITER EN QUELQUES CHIFFRES	
Distance moyenne au Soleil	778,3 millions km
Durée d'une révolution	11,86 jours terrestres
Vitesse orbitale	13,1 km/sec.
Durée d'une rotation	9,84 heures
Diamètre équatorial	142 984 km
Température au sommet de la couche nuageuse	150 °C
Masse (Terre = 1)	318
Gravité (Terre = 1)	2,34
Nombre de lunes	16

LE SAVIEZ-VOUS ?
• La pression sur
Jupiter est si élevée
que l'hydrogène y
existe sous une forme
semi-solide jamais
obtenue sur la Terre.
• Jupiter est visible
à l'œil nu dans le ciel
nocturne où il brille
comme une "étoile"
argentée.

Nuages blancs d'ammoniac

Nuages orange d'hydrosulfure d'ammonium

Nuages bleutés de glace fondue

STRUCTURE ET COMPOSITION DE L'ATMOSPHÈRE DE JUPITER

DES NUAGES D'AMMONIAC

L'atmosphère est constituée d'hélium et d'hydrogène. On trouve de petites quantités d'autres gaz, mais dans les couches nuageuses.

90 % hydrogène

10 % hélium

Traces de méthane, ammoniac, et vapeur d'eau

UNE TACHE CHAOTIQUE

L'un des traits typiques de Jupiter est sa Grande Tache rouge, zone de tempête plus grosse que la Terre.

Manteau externe d'hydrogène et d'hélium liquides

Manteau interne d'hydrogène métallique

Noyau de roches environ deux fois plus gros que la Terre

Nuages blancs très élevés

Nuages blancs très élevés

STRUCTURE DES ANNEAUX

Anneau de faible densité

STRUCTURE DE JUPITER

Halo

Anneau principal

LA PLUS RAPIDE

Malgré sa taille importante,
11 fois celle de la Terre, Jupiter
tourne sur son axe plus vite
que toutes les autres planètes.
Une telle vitesse de rotation
provoque un renflement de
la géante gazeuse au niveau
de l'équateur, ce qui lui donne
une forme légèrement ovale.
Elle produit aussi des vents puissants
qui divisent l'atmosphère de Jupiter
en bandes parallèles à son équateur.
Les vents les plus violents soufflent
à des centaines de kilomètre à l'heure.

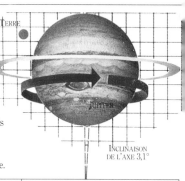

TERRE

JUPITER

INCLINAISON
DE L'AXE 3,1°

LES SATELLITES GALILÉENS

EUROPA
Recouverte
d'une couche
lisse de glace
solide, sa
chaleur interne
est suffisante pour
avoir des mers d'eau
liquide sous sa surface uniforme.

CALLISTO
Recouverte
d'une glace sale et
fissurée entourant
un noyau rocheux,
Callisto est criblée
de cratères. Le plus
grand, 3 000 km de diamètre,
a pour nom Valhalla.

GANYMÈDE
La plus grande lune
du système solaire,
plus grosse que
Pluton et Mercure.
On pense qu'elle
est essentiellement
constituée de glace
et de neige fondue, avec un noyau
de roches siliceuses.

IO
La surface d'Io
est couverte
de débris
volcaniques
orangés.
L'intérieur est en
fusion, et l'on sait que
Io est, avec la Terre, le seul corps à
posséder des volcans en activité.

LES SATELLITES DE JUPITER

Quatre principaux satellites
de Jupiter furent découverts
par Galilée. Les autres ont été
découverts plus tard, certains
par la sonde Voyager 1.
Les quatre satellites éloignés
tournent dans le sens
inverse rétrograde,
contrairement aux autres.

*Satellites proches (de gauche à droite) : Io, Thebe,
Almathea, Adrastea, Metis.*

*Satellites éloignés (de gauche à droite) : Sinope, Pasiphae, Carme, Ananke, Elara,
Lysithea, Himalia, Leda, Callisto, Ganymède, Europa, Io (présente aussi plus haut).*

ÉCHELLE EN RAYONS
DE JUPITER

LES SATELLITES DE JUPITER

	Diamètre	Distance de Jupiter
	km	km
Metis	40	127 960
Adrastea	20	128 980
Almathea	200	181 300
Thebe	100	221 900
Io	3 630	421 600
Europa	3 138	670 900
Ganymède	5 262	1 070 000
Callisto	4 800	1 883 000
Leda	16	11 094 000
Himalia	180	11 480 000
Lysithea	40	11 720 000
Elara	80	11 737 000
Ananke	30	21 200 000
Carme	44	22 600 000
Pasiphae	70	23 500 000
Sinope	40	23 700 000

LE SAVIEZ-VOUS ?

• La durée de révolution
des satellites croit en
fonction de leur distance
à la planète. Metis,
la plus proche de Jupiter,
tourne autour de la
planète en 0,295 jours
terrestres, alors que
Sinope met 758 jours.

• Les sondes Voyager
ont transmis 30 000
images de Jupiter
et de ses satellites.

• Les volcans de Io
émettent de la matière
à 1 000 m/seconde
soit 20 fois supérieur
aux vitesses d'émission
des volcans terrestres.

SATURNE

Connue pour ses anneaux,
Saturne est la deuxième
planète par la taille. Comme
sa plus proche voisine Jupiter,
Saturne est une géante
gazeuse. Mais sa masse est
si dispersée que la planète
est moins dense que l'eau.
Saturne a plus de satellites
qu'aucune autre planète :
au moins 18. La plus grosse,
Titan, a une atmosphère
exceptionnellement dense.

**UN MONDE ENTOURÉ
D'ANNEAUX**
Saturne est à la limite
de l'observation télescopique
depuis la Terre. Cette
photographie a été prise à une
distance de 17,5 millions km.

Terre   *Saturne*

SATURNE EN QUELQUES CHIFFRES

Distance moyenne au Soleil	1 427 millions km
Durée d'une révolution	29,46 jours terrestres
Vitesse orbitale	9,6 km/sec.
Durée d'une rotation	10,23 heures
Diamètre équatorial	120 536 km
Température au sommet de la couche nuageuse	−180 °C
Masse (Terre = 1)	957
Gravité (Terre = 1)	0,93
Nombre de satellites	18

LE SAVIEZ-VOUS ?

• Les anneaux de
Saturne ont moins
de 200 m d'épaisseur
et plus de 270 000 km
de diamètre.

• Ils sont constitués
de fragments de
roches couvertes
de glace et de
poussière.

Brume
ammoniac

Nuages
ammoniac

Nuages
hydrosulfure
ammonium

uages de
ce fondue

APPARENCE VOILÉE

L'atmosphère de Saturne ressemble à celle de Jupiter, en plus froid. Les nuages, plus épaisses, présentent des bandes voilées.

94 % hydrogène

6 % hélium

Traces de méthane, ammoniac et vapeur d'eau

STRUCTURE ET COMPOSITION DE L'ATMOSPHÈRE DE SATURNE

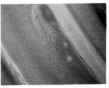

UNE TEMPÊTE CYCLONIQUE

De fausses couleurs soulignent l'activité cyclonique de l'atmosphère. Les ovales pâles sont des tempêtes formées par des vents violents.

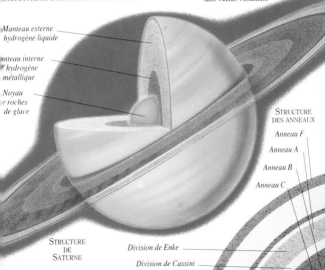

Manteau externe
hydrogène liquide

anteau interne
d'hydrogène
métallique

Noyau
e roches
de glace

STRUCTURE
DES ANNEAUX

Anneau F

Anneau A

Anneau B

Anneau C

STRUCTURE
DE
SATURNE

Division de Enke

Division de Cassini

UN SYSTÈME INCLINÉ

Saturne tourne très rapidement sur son axe, incliné de 26,7° par rapport à la verticale. Ses satellites et anneaux ont le même axe de rotation et se situent dans son plan équatorial, donnant au système entier un aspect incliné. Comme les autres géantes gazeuses, Saturne est plus épaisse à l'équateur où la vitesse de rotation est plus rapide qu'aux pôles. Au cœur de l'atmosphère équatoriale des vents circulaires soufflent à 1 800 km/h.

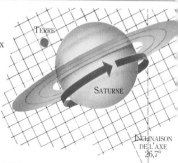

TERRE

SATURNE

INCLINAISON DE L'AXE 26,7°

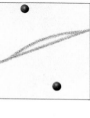

DE NOMBREUSES LUNES

Saturne possède 18 satellites : Titan, très grosse, sept autres de taille moyenne, les autres petites et de forme irrégulière. Certains des petits satellites se partagent une même orbite. Mimas, le plus proche des grands satellites, est dominée par l'énorme cratère de Herschel, qui est le résultat d'une collision co-orbitale.

ANNEAUX ENTRELACÉS

Certains des satellites gravitent à l'intérieur des anneaux, créant trous et entrelacs. Pan chasse hors de la Division de Enke la matière constituant les anneaux Prométhée et Pandora distorder et entrelacent l'anneau F par leu effet gravitationnel. On dit parfois que ces satellites "gardent" les anneaux, comme un chien garde un troupeau.

N ESPACE TRÈS PEUPLÉ
aturne possède une paire
un triplet de satellites
o-orbitaux. Deux autres
atellites, Épiméthée et Janus,
nt des orbites très proches
une de l'autre.
n pense qu'ils étaient jadis
n seul et même satellite
ui s'est coupé en deux.

Satellites intérieurs (de gauche à droite) : Hélène et Dioné (co-orbitales), Calypso, Télesto et Téthys (co-orbitales), Encéladus, Mimas, Janus, Épiméthée, Pandora, Prométhée, Atlas, Pan.

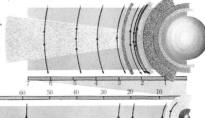

| 220 | 210 | 200 | 70 | 60 | 50 | 40 | 30 | 20 | 10 |

Satellites extérieurs (de gauche à droite) : Phoebé, Iapétus, Hypérion, tan, Rhéa, Hélène et Dione (présentes également plus haut).

ÉCHELLE EN RAYONS
DE SATURNE

SATURNE EN QUELQUES CHIFFRES

	Diamètre km	Distance de Saturne km
Pan	20	133 600
Atlas	34	137 640
Prométhée	110	139 350
Pandora	88	141 700
Épiméthée	120	151 422
Janus	190	151 472
Mimas	390	185 520
Encéladus	500	238 020
Téthys	1 050	294 660
Télesto	25	294 660
Calypso	26	294 660
Dioné	1 120	377 400
Hélène	33	377 400
Rhéa	1 530	527 040
Titan	5 150	1 221 850
Hypérion	280	1 481 000
Iapétus	1 440	3 561 300
Phoebé	220	12 952 000

LE SAVIEZ-VOUS ?

• La taille des blocs constituant les anneaux est échelonnée : les plus gros dans les anneaux internes, près de la planète ; la poussière dans les anneaux externes.

• Saturne possède trois satellites qui partagent la même orbite – Téthys, Télesto et Calypso.

• Mimas aurait dû s'appeler "Arthur". Bien que cela ne se soit pas produit, plusieurs de ses caractéristiques portent le nom d'un personnage de la légende du roi Arthur.

URANUS

Cette géante gazeuse froide
est la septième planète à partir
du Soleil. Peu de détails de sa
surface peuvent être distingués,
et même les photographies
prises de très près ne montrent
que quelques nuages de méthane
gelé. Pourtant, Uranus présente
une particularité intéressante.
La planète, ses anneaux et ses
satellites ont un axe de rotation
presque perpendiculaire à l'axe
de son orbite.

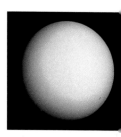

UNE SURFACE BLANCHE
À peine visible depuis la Terre,
"étoile" pâle dans le ciel nocturne
Uranus ne fut pas identifiée
comme une planète avant 1781.
Son système d'anneaux ne fut
découvert qu'en 1977, presque
200 ans plus tard.

Terre

Uranus

URANUS EN QUELQUES CHIFFRES	
Distance moyenne au Soleil	2,871 million km
Durée d'une révolution	84 jours terrestres
Vitesse orbitale	6,8 km/sec.
Durée d'une rotation	17,9 heures
Diamètre équatorial	51 118 km
Température au sommet de la couche nuageuse	−210 °C
Masse (Terre = 1)	14,5
Gravité (Terre = 1)	0,79

LE SAVIEZ-VOUS ?
• Uranus doit son nom
à Uranie, déesse des arts
et de l'astronomie chez
les Grecs.
• La lumière solaire,
qui met 8 minutes
pour atteindre
la Terre, met plus de
2h 30 mn pour arriver
jusqu'à Uranus.

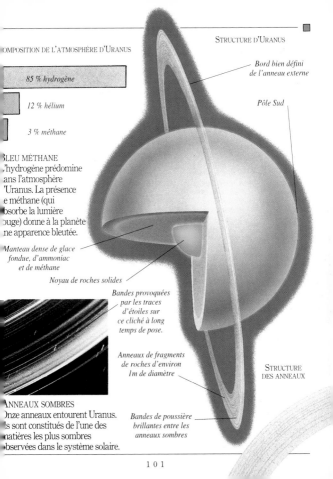

COMPOSITION DE L'ATMOSPHÈRE D'URANUS

85 % hydrogène

12 % hélium

3 % méthane

BLEU MÉTHANE
L'hydrogène prédomine
dans l'atmosphère
d'Uranus. La présence
de méthane (qui
absorbe la lumière
rouge) donne à la planète
une apparence bleutée.

Manteau dense de glace
fondue, d'ammoniac
et de méthane

Noyau de roches solides

Bord bien défini
de l'anneau externe

Pôle Sud

Bandes provoquées
par les traces
d'étoiles sur
ce cliché à long
temps de pose.

Anneaux de fragments
de roches d'environ
1m de diamètre

STRUCTURE
DES ANNEAUX

Bandes de poussière
brillantes entre les
anneaux sombres

ANNEAUX SOMBRES
Onze anneaux entourent Uranus.
Ils sont constitués de l'une des
matières les plus sombres
observées dans le système solaire.

ORBITE OBLIQUE

L'axe de rotation d'Uranus est incliné de 98° par rapport à la verticale – l'équateur traverse le "haut" et le "bas" de la planète. Cette importante inclinaison s'étend aux anneaux et aux satellites. La position oblique d'Uranus résulte peut-être d'une collision avec un autre corps céleste, dans un lointain passé.

TERRE

INCLINAISON DE L'AXE 98°

URANUS

DES SAISONS INTERMINABLES

L'inclinaison d'Uranus crée des saisons très longues. Au cours de sa trajectoire autour du Soleil, chaque pôle reçoit la lumière solaire pendant 42 années terrestres, suivies d'une même période d'obscurité totale. Mais la température ne varie pas d'une saison à l'autre car Uranus est très loin du Soleil.

UN MAGNÉTISME SURPRENANT

Uranus génère un champ magnétique incliné, mais pas de la même manière que la planète. Ce champ magnétique est incliné de 60° par rapport à l'axe de rotation, donnant à la magnétosphère une forme assez normale, mais il est décalé par rapport au centre de la planète, ce qui rend la situation extraordinaire.

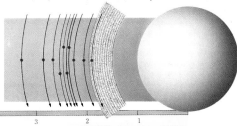

ANNEAUX
T SATELLITES

n seul satellite,
ordélia, décrit
on orbite à l'intérieur
es anneaux.
Miranda présente
ous les signes
l'une planète qui fut
n jour désagrégée
our être assemblée
e nouveau.

Satellites intérieurs (de gauche à droite) : Puck, Bélinda, Rosalind, Portia, Juliet, Desdémone, Cressida, Bianca, Ophélie, Cordélia.

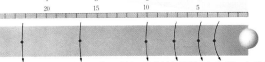

Satellites extérieurs (de gauche à droite) : Oberon, Titiana, Umbriel, Ariel, Miranda, Puck (aussi cité plus haut).

LES LUNES D'URANUS

	Diamètre km	Distance d'Uranus km
Cordelia	30	49 750
Ophelia	30	53 760
Bianca	40	59 160
Cressida	70	61 770
Desdemona	60	62 660
Juliet	80	64 360
Portia	110	66 100
Rosalind	60	69 930
Belinda	70	75 260
Puck	150	86 010
Miranda	470	129 780
Ariel	1 160	191 240
Umbriel	1 170	265 970
Titania	1 580	435 840
Oberon	1 520	582 600

LE SAVIEZ-VOUS ?

• Avant Voyager 2, on pensait qu'Uranus avait 5 satellites. Aujourd'hui, on lui en attribue 15. Il pourrait même y en avoir davantage.

• Les satellites d'Uranus portent des noms empruntés à des pièces de William Shakespeare.

• L'anneau le plus éloigné d'Uranus n'a pas de fragments de moins de 20 cm de diamètre.

NEPTUNE

Petite sœur d'Uranus, Neptune est la plus éloignée des géantes gazeuses. Invisible depuis la Terre, sa position a d'abord été calculée avant d'être observée pour la première fois en 1846. Neptune était à l'emplacement où on l'avait prévue. Le méthane présent dans son atmosphère lui donne une coloration bleu foncé. Ses anneaux et six de ses satellites furent découverts grâce à la sonde Voyager 2.

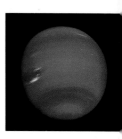

TURBULENCES OBSCURES
Photographiée par la deuxième sonde Voyager, l'atmosphère de Neptune présente quelques traits visibles, par exemple la Grande Tache Sombre qui est une zone de turbulences cycloniques.

Terre

Neptune

NEPTUNE EN QUELQUES CHIFFRES	
Distance moyenne au Soleil	4,497 milliards km
Durée d'une révolution	164,8 années terrestres
Vitesse orbitale	5,4 km/sec.
Durée d'une rotation	19,2 heures
Diamètre équatorial	49 528 km
Température au sommet de la couche nuageuse	−220°C
Masse (Terre = 1)	17
Gravité (Terre = 1)	1,2
Nombre de satellites	8

LE SAVIEZ-VOUS ?

• Neptune porte le nom du dieu romain de la mer.

• Neptune dissipe 2,6 fois plus de chaleur qu'elle n'en reçoit du Soleil, signe d'une source de chaleur interne.

COMPOSITION DE L'ATMOSPHÈRE DE NEPTUNE

85 % hydrogène

13 % hélium

2 % méthane

BRUME D'HYDROCARBURE
Semblable à celle d'Uranus, l'atmosphère de Neptune est d'un bleu plus profond. Les couches supérieures contiennent une brume d'hydrocarbure.

CIRRUS
Des cirrus très élevés de cristaux de méthane gelés se trouvent à 40 km au-dessus de la principale couche de nuages.

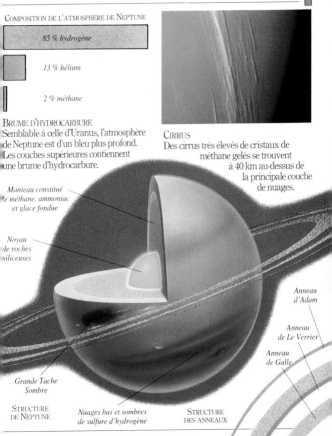

Manteau constitué de méthane, ammoniac et glace fondue

Noyau de roches siliceuses

Anneau d'Adam

Anneau de Le Verrier

Anneau de Galle

Grande Tache Sombre

STRUCTURE DE NEPTUNE

Nuages bas et sombres de sulfure d'hydrogène

STRUCTURE DES ANNEAUX

ABSENCE DE SAISONS
Neptune tourne autour de son axe avec une inclinaison proche de celle de la Terre. Mais elle est trop loin du Soleil pour avoir un cycle identique de saisons. Les conditions atmosphériques sont dominées par des vents qui atteignent 2 000 km/s. et déchaînent des turbulences sombres en sens inverse autour de la planète.

TERRE

NEPTUNE

INCLINAISON
DE L'AXE 29,6°

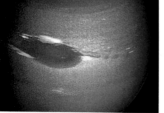

GRANDE TACHE SOMBRE
La plus importante turbulence de Neptune, la Grande Tache Sombre, est presque aussi grande que la Terre. Elle tourne en sens inverse des aiguilles d'une montre. Cette photographie a été traitée pour que les détails de haute altitude soient colorés en rouge.

TRITON
Triton est le plus grand des satellites de Neptune et l'endroit le plus froid du système solaire : -235 °C. Son atmosphère est ténue, constituée en grande partie d'azote, et une grande calotte glacée composée de méthane couvre le pôle Sud. Les photographies montrent que la glace a une teinte rosée, ce qui semble être dû à la présence de substances chimiques organiques formées par l'action de la lumière solaire.

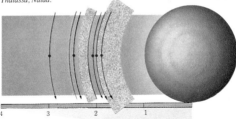

Satellites intérieurs (de gauche à droite) : Larissa, Galatea, Despina, Thalassa, Naïad.

AUTOUR DE NEPTUNE

Les quatre plus proches satellites ont une orbite interne aux anneaux. Triton est le seul dont l'orbite est parcourue en sens inverse de la rotation de sa planète.

ÉCHELLE DES RAYONS DE NEPTUNE

Satellites extérieurs (de gauche à droite) : Nereïd, Triton, Proteus, Larissa et les satellites intérieurs (également cités ci-dessus).

EXPLORATEUR LOINTAIN

Voyager 2 est la seule sonde à avoir approché Uranus et Neptune. Le voyage vers Neptune a duré 12 ans et les informations transmises à la vitesse de la lumière ont mis plus de 4 heures pour atteindre la Terre. Parmi les nombreuses découvertes de Voyager 2 : six des huit satellites de Neptune et des volcans de glace sur Triton.

VOYAGER 2

LES SATELLITES DE NEPTUNE

	Diamètre	Distance de Neptune
	km	km
Naïad	50	48 000
Thalassa	80	50 000
Despina	180	52 500
Galatea	150	62 000
Larissa	190	73 600
Proteus	400	117 600
Triton	2 700	354 800
Nereïd	340	5 513 400

LE SAVIEZ-VOUS ?

• Nereid, le satellite le plus éloigné de Neptune, a l'orbite la plus excentrée de tous les satellites connus. Au cours d'une seule orbite, sa distance de Neptune varie de 1 300 000 km à 9 700 000 km.

PLUTON

Pluton, la plus éloignée de
toutes les planètes, est aussi
la plus méconnue. Son orbite
autour du Soleil n'est inclinée
que de 17°. Sur environ
10 % de sa longue trajectoire
orbitale, Pluton est plus proche
du Soleil que Neptune.
Il n'a qu'un seul grand
satellite, Charon, avec lequel
il forme un système
de deux corps célestes.

IMAGE FLOUE
On doit une image nette de Pluton
et de Charon au télescope de
Hubble, en orbite autour de la
Terre. Celles prises depuis le sol
montrent une unique tache floue

Terre · · · · · · · · · · · · · · · · Pluton

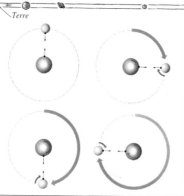

ÉTROITEMENT LIÉS
Pluton et Charon ont l'un
sur l'autre un effet puissant.
L'orbite de Charon autour
de Pluton s'est synchronisée
avec la rotation de Pluton,
de sorte que les deux rotations
ont la même durée : 6,4 jours
terrestres. C'est toujours la
même face de Charon qui est
tournée vers la même face de
Pluton, et Charon ne peut donc
être vue dans le ciel qu'à partir
d'un seul côté de Pluton.

PLUTON EN QUELQUE CHIFFRES

Distance moyenne au Soleil	5 913,5 millions km
Durée d'une révolution	248,5 années terrestres
Vitesse orbitale	4,7 km/ sec.
Durée d'une rotation	6,38 jours terrestres
Diamètre équatorial	2 300 km
Température en surface	- 230°C
Masse (Terre = 1)	0,002
Gravité (Terre = 1)	0,04
Nombre de satellites	1

INCLINAISON EXTRÊME
Pluton et Charon tournent autour d'un axe incliné de 122,6° par rapport à la verticale, le plus incliné de toutes les planètes.

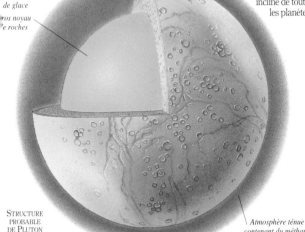

Surface glacée (eau et méthane)

Manteau de glace

Gros noyau de roches

STRUCTURE PROBABLE DE PLUTON

Atmosphère ténue contenant du méthane et de l'azote.

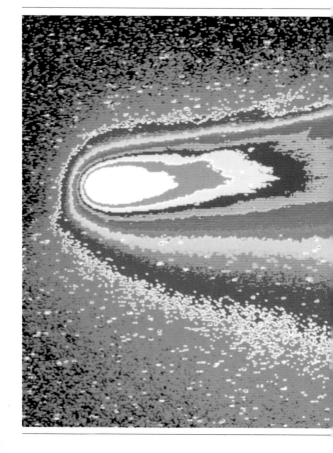

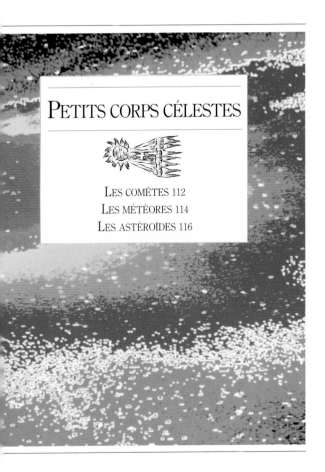

Petits corps célestes

LES COMÈTES

Des milliards de comètes, composées de neige et de poussière, gravitent autour du Soleil à environ une année-lumière de distance. Un petit nombre d'entre elles ont des orbites qui les en rapprochent. La neige se transforme alors en gaz sous l'effet de la chaleur, et forme une longue queue brillante.

LA COMÈTE DE HALLEY
La plupart des comètes qui approchent le Soleil ne sont visibles qu'une seule fois, mais certaines reviennent périodiquement. La comète de Halley revient tous les 76 ans.

EN ORBITE AUTOUR DU SOLEIL
Une comète périodique possède une orbite régulière qui la rapproche du Soleil. Pendant la plus grande partie de la trajectoire, la comète n'a pas de queue. La queue n'apparaît qu'à proximité du Soleil : sous l'action de la chaleur elle s'allonge de plus en plus puis disparaît quand la comète s'éloigne du Soleil.

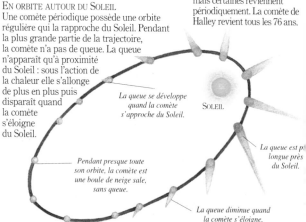

La queue se développe quand la comète s'approche du Soleil.

SOLEIL

La queue est p[l]us longue près du Soleil.

Pendant presque toute son orbite, la comète est une boule de neige sale, sans queue.

La queue diminue quand la comète s'éloigne.

GAZ INCANDESCANT

Le noyau d'une comète typique mesure près de 20 km de diamètre. Lorsqu'il est chauffé par le Soleil, des jets de gaz jaillissent de la surface pour former autour du noyau un nuage incandescant, appelé chevelure, dont la grosseur peut être dix fois supérieure à celle de la Terre. La queue de la comète peut mesurer des millions de kilomètres.

Les comètes ont deux queues distinctes, l'une de gaz et l'autre de poussière.

Chevelure

Noyau formé de poussière et de gaz gelés

La poussière réfléchit la lumière du Soleil.

LE CŒUR DE LA COMÈTE

Cette photographie du noyau de la comète de Halley a été prise par la sonde Giotto, à une distance d'environ 1 700 km. Des jets de gaz lumineux sont visibles sur la surface éclairée par le Soleil. Les instruments à bord de Giotto ont révélé que le noyau est principalement constitué de glace fondue.

LE SAVIEZ-VOUS ?

• La gravité de Jupiter peut affecter l'orbite de certaines comètes. En 1993, la comète de Shoemaker-Lévy est passée tout près de Jupiter et a explosé, sous l'effet des forces gravitationnelles. En juillet 1994, ses fragments, entrant en collision avec la planète, ont provoqué une série d'énormes explosions dans son atmosphère.

LES MÉTÉORES

Chaque jour, des milliers
de particules et des fragments de
roches entrent dans l'atmosphère
terrestre. La plupart brûlent
au contact de l'air, produisant
des traînées lumineuses, les
météores. Très peu de fragments
survivent dans l'atmosphère
et percutent la surface de la
Terre. Ces "rochers de l'espace"
ont pour nom météorites.

PLUIE DE MÉTÉORES
Ci-dessus une photographie
(en fausses couleurs) d'une plu[ie]
de météores des Léonides
(traînées jaunes) associés
à la comète de Tempel Tuttle.

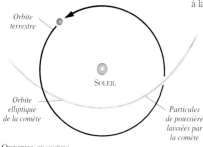

Orbite terrestre

SOLEIL

Orbite elliptique de la comète

Particules de poussière laissées par la comète

ORBITES CROISÉES
La plupart des météores viennent de poussières
et de débris perdus par les comètes lorsqu'elles
passent près du Soleil. Les débris restent dans
l'orbite de la comète et quand la Terre croise celle-
ci, on assiste à une pluie de météores. Certaines de
ces pluies sont des événements annuels réguliers.

LE SAVIEZ-VOUS ?

• Chaque année, 28 000
tonnes de matériaux
extra-terrestres
pénètrent dans notre
atmosphère.

• La plupart des
météores sont vaporisés
à des altitudes
dépassant 80 km.

• Les pluies de météores
portent le nom de la
constellation dans
laquelle le rayonnement
apparaît, par exemple,
les Perséides.

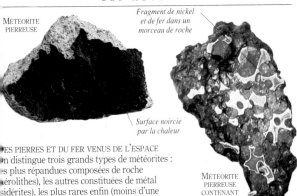

MÉTÉORITE
PIERREUSE

Fragment de nickel et de fer dans un morceau de roche

Surface noircie par la chaleur

MÉTÉORITE
PIERREUSE
CONTENANT
DU FER

ES PIERRES ET DU FER VENUS DE L'ESPACE

n distingue trois grands types de météorites :
s plus répandues composées de roche
érolithes), les autres constituées de métal
sidérites), les plus rares enfin (moins d'une
ur cent) qui contiennent à la fois de la roche
: du métal.

RATÈRE D'IMPACT

e cratère de météorite, en Arizona, États-Unis,
esure 1,3 km de diamètre. Sa formation remonte
25 000 ans : une météorite de 45 m de diamètre
heurté la surface terrestre à une vitesse de près
e 11 km/sec. Plusieurs fragments de fer ont été
etrouvés dans le cratère.

LE SAVIEZ-VOUS ?

• Plus de 90 % des
météorites ayant atteint
la Terre sont pierreuses.

• La météorite la plus
grosse du monde est
tombée à Hoba West,
en Afrique du Sud.
Son poids serait de plus
de 60 tonnes.

• Au siècle dernier,
le Tsar Alexandre de
Russie possédait une
épée forgée à partir
d'une météorite
ferrugineuse.

LES ASTÉROÏDES

Des millions de gros morceaux de roche gravitent autour du Soleil. Ce sont des astéroïdes, parfois appelés les petites planètes. La taille des astéroïdes varie de quelques mètres à quelques centaines de kilomètres. La plupart circulent dans une sorte de vaste ceinture comprise entre les orbites de Mars et de Jupiter.

ROCHE DE L'ESPACE
Ida est un astéroïde typique : petit et de forme irrégulière, avec une longueur maximale de 19 km. Sa surface est criblée de cratères et recouverte d'une fine couche de poussière.

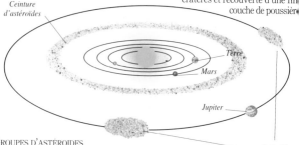

Ceinture d'astéroïdes

Terre

Mars

Jupiter

Astéroïdes Troyens

GROUPES D'ASTÉROÏDES
Sur les millions d'astéroïdes qui circulent entre Mars et Jupiter, plus de 5 000 ont été localisés et identifiés. D'autres groupes d'astéroïdes décrivent des orbites différentes. Les astéroïdes Troyens décrivent la même orbite que Jupiter, maintenus en place par l'attraction puissante de la planète géante.

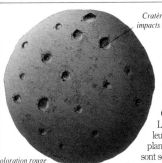

Cratères dus à des impacts de météorites.

De nombreux astéroïdes ont des formes irrégulières.

...oloration rouge ...ue à la présence ...e rouille en ...urface.

ORIGINE DES ASTÉROÏDES

Les grands astéroïdes sont sphériques ; leur formation ressemble à celle des planètes. Les petits de forme irrégulière sont soit des restes de matière datant de la formation du système solaire, soit le résultat de collisions entre des astéroïdes plus grands.

PLANÈTE RATÉE

La ceinture d'astéroïdes s'est probablement formée à la même époque que le reste du système solaire. L'attraction de Jupiter empêcha les fragments de roche et les particules de poussière de se rassembler pour former une planète. Mais la masse totale des astéroïdes ne représente qu'une infime fraction de celle de la Terre.

LE SAVIEZ-VOUS ?

• Cérès est le premier astéroïde qui fut découvert. Il mesure 914 km de diamètre

• Les astéroïdes qui ont une distance moyenne au Soleil inférieure à celle de la Terre sont appelés astéroïdes d'Aten.

• Dans le passé, plusieurs astéroïdes ont heurté la Terre ; ce phénomène peut un jour se reproduire.

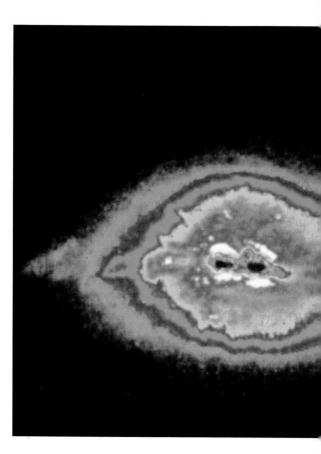

Exploration
de l'espace

INFORMATIONS EN PROVENANCE DE L'ESPACE

L'étude de la lumière des étoiles n'est qu'un des aspects de notre connaissance. La lumière visible n'est qu'une petite partie du large spectre des rayonnements électromagnétiques. En étudiant les différents types de radiations, nous apprenons davantage sur les parties visibles et invisibles de l'univers.

Couche d'ozone

Rayons gamma et rayons X

Rayons UV

La plupart des infrarouges sont stoppés.

Lumière visible et ondes courtes radio atteignent la surface.

BOUCLIER ATMOSPHÉRIQUE

L'atmosphère arrête les rayons X et gamma, et certains ultra-violets (UV). Seuls passent la lumière visible, quelques infrarouges et UV, et certains signaux radio-électriques.

ÉTENDUE DU SPECTRE

La radiation électromagnétique traverse l'espace sous forme d'ondes de longueur variable. Les rayons gamma ont la plus petite longueur d'onde, puis viennent les rayons X, et ainsi de suite à travers le spectre jusqu'aux plus longues ondes radio. La lumière visible, ce que nous voyons à l'œil nu, occupe moins de 0,00001 % du spectre.

10^{-13} m
0,0000000000001 m

RAYONS X

RAYONS GAMMA

LES DIFFÉRENTES LONGUEURS D'ONDE DE LA NÉBULEUSE DU CRABE

La Nébuleuse du Crabe est un vestige de explosion d'une supernova observée en 1054. n lumière UV (à droite) la nébuleuse présente un rougeoiement produit par les particules hautement énergétiques de l'explosion réagissant à leur environnement spatial.

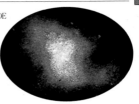

LUMIÈRE VISIBLE

Cette image de la nébuleuse en lumière visible a subi un procédé informatique qui révèle la présence d'hydrogène (rouge) et de soufre (bleu) dans les filaments de gaz jaillissant encore de l'explosion.

RAYONS X

Les rayons X émis par la Nébuleuse du Crabe produisent une image (à droite) qui présente un corps brillant au centre de la nébuleuse, le pulsar, vestige de l'étoile pré-supernova.

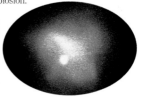

10^{-7} m
0,0000001 m

10^5 m
100 000 m

LUMIÈRE
VISIBLE

MICRO-ONDES

LUMIÈRE
ULTRA-
VIOLETTE

INFRA-
ROUGE

ONDES
RADIO

LES TÉLESCOPES OPTIQUES

Le télescope optique est un instrument très important. Aujourd'hui, les instruments modernes recueillent et emmagasinent électroniquement les informations visuelles. Mais le télescope optique reste indispensable pour les observations de base.

LE DÔME DE PALOMAR
Le dôme du télescope Hale à l'observatoire du mont Palomar, en Californie, protège le télescope des intempéries.

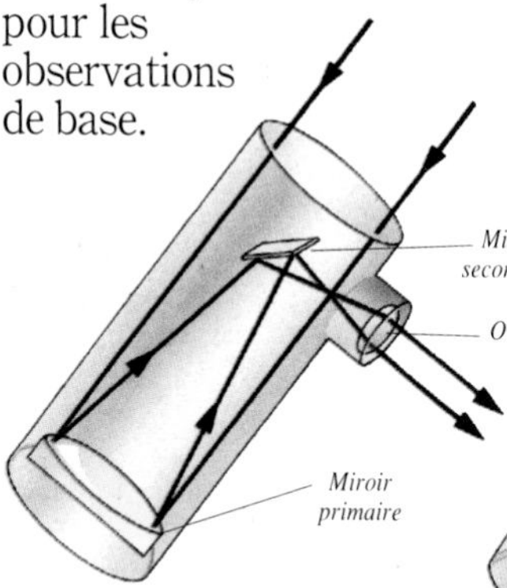

Miroir secondaire

Oculaire

Miroir primaire

TÉLESCOPES À RÉFLECTEUR
Pour recueillir la lumière et produire une image, les télescopes sont munis de lentilles et de miroirs. Les télescopes à réflecteur, munis de miroirs convexes, sont les plus adaptés à l'astronomie.

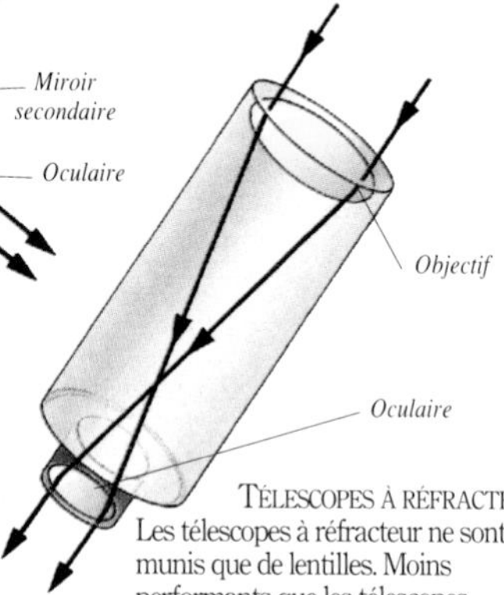

Objectif

Oculaire

TÉLESCOPES À RÉFRACTEUR
Les télescopes à réfracteur ne sont munis que de lentilles. Moins performants que les télescopes à réflecteurs, ils sont toujours très utilisés par les astronomes amateur.

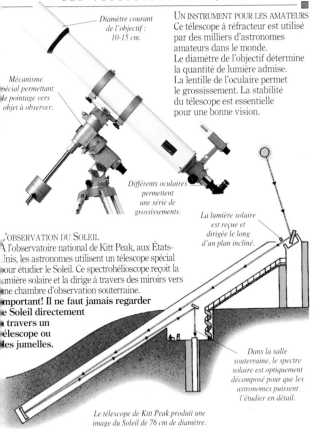

Diamètre courant de l'objectif : 10-15 cm.

Mécanisme spécial permettant le pointage vers l'objet à observer.

Différents oculaires permettent une série de grossissements.

UN INSTRUMENT POUR LES AMATEURS
Ce télescope à réfracteur est utilisé par des milliers d'astronomes amateurs dans le monde. Le diamètre de l'objectif détermine la quantité de lumière admise. La lentille de l'oculaire permet le grossissement. La stabilité du télescope est essentielle pour une bonne vision.

La lumière solaire est reçue et dirigée le long d'un plan incliné.

L'OBSERVATION DU SOLEIL
À l'observatoire national de Kitt Peak, aux États-Unis, les astronomes utilisent un télescope spécial pour étudier le Soleil. Ce spectrohélioscope reçoit la lumière solaire et la dirige à travers des miroirs vers une chambre d'observation souterraine. **Important! Il ne faut jamais regarder le Soleil directement à travers un télescope ou des jumelles.**

Dans la salle souterraine, le spectre solaire est optiquement décomposé pour que les astronomes puissent l'étudier en détail.

Le télescope de Kitt Peak produit une image du Soleil de 76 cm de diamètre.

123

LA RADIOASTRONOMIE

Les scientifiques sont à l'écoute de l'énergie électromagnétique de l'univers depuis un demi-siècle. La radioastronomie obtient des informations additionnelles sur les objets familiers mais en recherche aussi de nouveaux. Elle a fait deux découvertes majeures : les quasars et les pulsars.

Ondes radio

VLA

Un radiotélescope est un grand miroir parabolique. Les radioastronomes utilisent parfois plusieurs miroirs d'observation reliés entre eux. Le VLA (Very Large Array), au Nouveau-Mexique, États-Unis, est composé de 27 miroirs de 25 m de diamètre, pour collecter les signaux radio en provenant de l'espace.

Les miroirs du VLA sont disposés en Y.

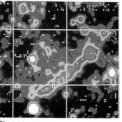

RADIOVISION

Les radiotélescopes peuvent être réglés sur une longueur d'ondes choisie, permettant ainsi de mesurer l'intensité de l'énergie radio. On utilise ensuite des ordinateurs pour produire des "cartes-radio" du ciel, comme cette image de la source radio connue sous la désignation 1952+28.

Un télescope géant

Le plus grand télescope du monde – 305 m de diamètre – est celui d'Arecibo, situé dans un creux naturel au milieu des collines de Porto Rico. Le miroir est "dirigé" par la rotation de la Terre. Arecibo fut choisi pour envoyer un message radio dans l'espace.

Le traitement simple du message d'Arecibo donne cette image visuelle qui contient une représentation d'un être humain.

LES RADIOGALAXIES

Un grand nombre de galaxies difficilement visibles émettent des rayonnements radioélectriques intenses : ce sont les radiogalaxies. Cette image optique de la radiogalaxie 3C 33 a été traitée en fausses couleurs, selon l'intensité de la lumière visible du spectre, du blanc (la plus intense) au bleu (la moins intense).

IMAGES DE L'ESPACE

La plupart des informations recueillies par les astronomes se présentent sous forme d'images visuelles. Des appareils-photo traditionnels et électroniques enregistrent les images. Les informations sont ensuite traitées par ordinateur pour fournir des images plus lisibles et détaillées.

IMAGE PIXÉLISÉE
Les appareils-photo électroniques produisent des images composées de petits éléments visuels : les pixels. Cette image d'un amas d'étoiles nous a été transmise par un télescope installé au sol. Les pixels sont bien visibles, mais seu un œil entraîné y reconnaît un amas d'étoiles.

MARS RECONSTITUÉ PAR ORDINATEUR
Cette image de la surface de Mars, traversée par l'équateur martien, a été prise par les appareils-photo situés à bord des sondes spatiales Viking. Traitée par ordinateur, l'image a été coloriée en fonction de la composition chimique de la surface. Des cratères et d'autres détails sont également visibles.

Le givre est représenté en turquoise.

Le rouge signale concentration d'oxyde de fer

FAUSSES COULEURS

Les astronomes utilisent différentes techniques pour analyser les informations contenues dans les images. L'une des plus importantes est l'addition de fausses couleurs. Saturne a un aspect assez pâle sur les photos ordinaires. Cette image a été colorée pour faire ressortir les couches supérieures de l'atmosphère.

COLORATION DE LA COURONNE

Cette vue de la couronne solaire, normalement invisible, est le résultat des données fournies par le satellite Solar Maximum Mission. L'image a été traitée par ordinateur et rehaussée par de fausses couleurs, de façon à distinguer les zones de gaz de différentes densités dans la couronne solaire.

SÉPARER PUIS ASSEMBLER

On obtient souvent les images de l'espace à travers une série de filtres de couleur. L'objet est photographié alternativement avec les différents filtres ; les images ainsi obtenues sont assemblées et on obtient une vue plus complète qu'avec n'importe quelle simple photographie. Cette série, prise avec le télescope spatial Hubble, montre Pluton et son satellite Charon.

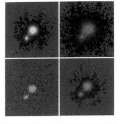

LES OBSERVATOIRES

Les télescopes optiques sont souvent installés au sommet d'une montagne, là où l'influence de l'atmosphère terrestre est la moins perturbante. Les radiotélescopes peuvent être installés pratiquement n'importe où, généralement près d'un site universitaire ou scientifique. Les coûts très élevés des télescopes de pointe expliquent pourquoi les observatoires sont souvent partagés entre plusieurs pays.

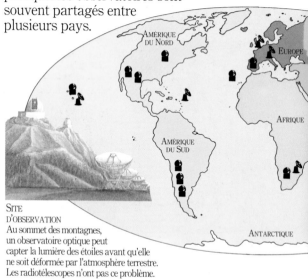

AMÉRIQUE DU NORD

EUROPE

AFRIQUE

AMÉRIQUE DU SUD

ANTARCTIQUE

SITE D'OBSERVATION
Au sommet des montagnes, un observatoire optique peut capter la lumière des étoiles avant qu'elle ne soit déformée par l'atmosphère terrestre. Les radiotélescopes n'ont pas ce problème.

HAUT ET SEC

Les dômes de l'observatoire de Cerro Tololo sont situés sur les contreforts des Andes, au Chili. Le climat sec aux nuits sans nuages et l'atmopshère calme font de ce site l'endroit idéal pour observer dans de bonnes conditions.

IE

AUSTRALIE

UN TÉLESCOPE DE POINTE

Le télescope Keck, de l'observatoire du Mauna Kea, à Hawaii, est le plus grand télescope optique du monde. Le miroir principal est composé de 36 segments hexagonaux.

LÉGENDE

TÉLESCOPE OPTIQUE

RADIO TÉLESCOPE

LES TÉLESCOPES SPATIAUX

En plaçant leurs télescopes en orbite au-dessus de l'atmosphère terrestre, les astronomes peuvent voir plus loin et recueillir des informations électromagnétiques qui seraient absorbées par l'atmosphère. Renseignements et images collectées dans l'espace sont transmises à la Terre pour être étudiés et analysés.

UN TÉLESCOPE EN ORBITE
La station spatiale Skylab transportait les huit télescopes composant le télescope Apollo.

De grands panneaux solaires font fonctionner les équipements à bord du HST.

L'antenne transmet les informations à la Terre par satellite.

Plaque de protection articulée

HUBBLE
Le télescope spatial HST (Hubble Space Telescope) en orbite dans l'espace, est équipé d'un énorme miroir captant la lumière qui est ensuite dirigée, par un miroir secondaire, vers des instruments de mesure ou des appareils photo, installés à bord.

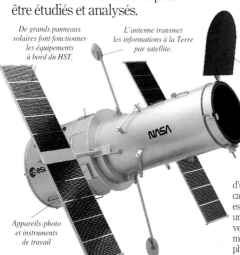

NASA

esa

Appareils-photo et instruments de travail

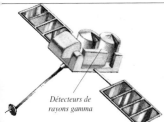

Détecteurs de
rayons gamma

DÉTECTEURS DE DIRECTION
Les télescopes orbitaux captent
les rayons gamma (à gauche) sont
utilisés depuis les années 70. Comme
on ne peut pas faire converger ces
rayons pour produire une image, on
les utilise pour déterminer la direction
et l'intensité de leurs sources.

TÉLESCOPES SPÉCIAUX
Les satellites orbitaux sensibles aux rayons X
(à droite) permettent de localiser les zones
d'activité des lointaines galaxies. Ces télescopes
spéciaux sont appelés télescopes à incidence
rasante : les rayons X traversent en droite ligne
les lentilles et les miroirs ordinaires.

DOUBLE UTILISATION
Le HST (à droite) opère à la fois en lumière visible
et en ultraviolet (UV), d'une longueur d'onde
légèrement plus courte. Cette particularité fait
du HST un instrument doublement utile aux
astronomes qui peuvent ainsi comparer
les données et les images obtenues
à deux longueurs d'ondes différentes.

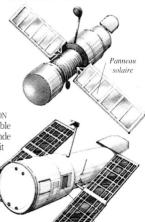

Panneau
solaire

Un pare-soleil plaqué-
or barre la route aux
rayons infrarouges
indésirables.

Panneau
d'accès
au système
de guidage

UNE IMAGE PLUS NETTE
Certains télescopes orbitaux captent
les rayons infrarouges (à gauche)
avant leur absorption par l'atmosphère.
Ces satellites sont aussi utilisés
pour étudier la surface de la Terre.

LES FUSÉES

Satellites, sondes spatiales et
astronautes sont lancés dans
l'espace par des fusées de deux
types : les fusées à plusieurs étages
superposés, hautes et étroites,
et les navettes spatiales, plus
récentes, qui décollent à l'aide de
boosters ou propulseurs auxiliaires.
Lorsqu'elles redescendent
sur Terre, les navettes atterrissent
comme les avions.

LANCEMENT
Une fusée Saturne V atten[d]
son lancement. Ses moteu[rs]
consomment mille litres d[e]
combustible par seconde.

*La tuyère canalise le jet
des gaz d'échappement
brûlants.*

*Le combustible liquide
et l'oxygène fusionnent
dans la chambre de combustion.*

*Réservoir
de combustible*

*Réservoir
d'oxygène*

LA PUISSANCE DES FUSÉES

Une fusée est propulsée par les gaz brûlants
qui sortent des tuyères. Ces gaz viennent
de la combustion d'un mélange d'oxygène et de
combustible liquides (comme l'hydrogène liquide)
dans une chambre de combustion. Transporter
ses propres réserves d'oxygène permet au moteur
de la fusée de fonctionner dans le vide de l'espace.

*Combustible et oxygène
sont stockés dans
des réservoirs renforcés
et pressurisés.*

*Des pompes contrôlent
le débit de combustible et
d'oxygène vers la chambre
de combustion.*

VITESSE DE LIBÉRATION

Comme n'importe quel autre objet, une fusée est maintenue sur la Terre par l'attraction terrestre. Pour pouvoir y échapper et se propulser dans l'espace, la fusée doit atteindre 40 000 km/h : c'est la "vitesse de libération" du champ d'attraction terrestre. Sur la Lune, dont la force d'attraction est six fois moins grande que celle de la terre, la vitesse de libération est plus faible : seulement 8 500 km/h.

Charge utile, satellite ou sonde spatiale

Moteurs du 3e étage de la fusée

ARIANE :
LANCEUR À TROIS ÉTAGES

Moteurs du 2e étage de la fusée

Les boosters extérieurs aident les moteurs du 1er étage à effectuer le lancement.

Moteurs du 1er étage de la fusée.

VAISSEAUX SPATIAUX RÉCUPÉRABLES

Une traînée de gaz d'échappement marque le départ de la navette spatiale. Contrairement aux fusées conventionnelles, la navette est récupérable. L'énorme réservoir à combustible et les boosters sont largués après le lancement et récupérés. Les moteurs de la navette la mettent sur orbite, et des micro-propulseurs la manœuvrent.

LES SONDES SPATIALES

Lancées par des fusées, les
sondes sont des robots contrôlés
par ordinateur et remplis de
matériel scientifique. Elles sont
envoyées pour survoler une
planète, ou rester dans son orbite,
et envoyer des informations sur
la Terre. Une fois leur mission
accomplie, certaines continuent
à tourner dans l'espace.

DÉCOUVERTE VOLCANIQUE
Voyager 1 a envoyé cette
image du premier volcan
en activité ailleurs que
sur la Terre.

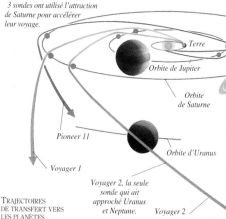

*3 sondes ont utilisé l'attraction
de Saturne pour accélérer
leur voyage.*

Terre

Orbite de Jupiter

*Orbite
de Saturne*

*Pioneer 10
a quitté le système
solaire après avoir
survolé Jupiter.*

Pioneer 11

Orbite d'Uranus

EFFET DE LA GRAVITÉ
Les sondes utilisent
l'attraction de la planète
qu'elle survole. La force
de gravitation provoque
l'accélération de la sonde
pour l'étape suivante
de son voyage.

Voyager 1

*Voyager 2, la seule
sonde qui ait
approché Uranus
et Neptune.*

Voyager 2

TRAJECTOIRES
DE TRANSFERT VERS
LES PLANÈTES
LES PLUS LOINTAINES

Neptune

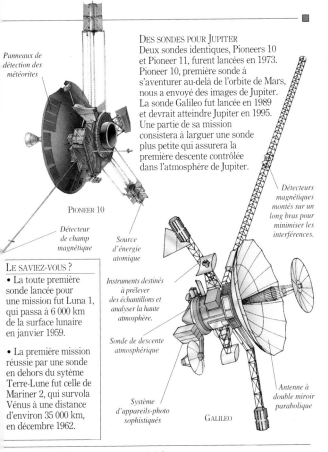

DES SONDES POUR JUPITER

Deux sondes identiques, Pioneers 10 et Pioneer 11, furent lancées en 1973. Pioneer 10, première sonde à s'aventurer au-delà de l'orbite de Mars, nous a envoyé des images de Jupiter. La sonde Galileo fut lancée en 1989 et devrait atteindre Jupiter en 1995. Une partie de sa mission consistera à larguer une sonde plus petite qui assurera la première descente contrôlée dans l'atmosphère de Jupiter.

Panneaux de détection des météorites

PIONEER 10

Détecteur de champ magnétique

Source d'énergie atomique

Détecteurs magnétiques montés sur un long bras pour minimiser les interférences.

Instruments destinés à prélever des échantillons et analyser la haute atmosphère.

Sonde de descente atmosphérique

Système d'appareils-photo sophistiqués

Antenne à double miroir parabolique

GALILEO

LE SAVIEZ-VOUS ?

• La toute première sonde lancée pour une mission fut Luna 1, qui passa à 6 000 km de la surface lunaire en janvier 1959.

• La première mission réussie par une sonde en dehors du sytème Terre-Lune fut celle de Mariner 2, qui survola Vénus à une distance d'environ 35 000 km, en décembre 1962.

LES LANDERS

Les sondes mises en orbite autour d'une planète peuvent larguer un second engin qui peut atterrir : le lander. Ce robot accomplit des tâches programmées et transmet à la Terre les informations qu'il a recueillies. Des landers nous ont déjà envoyé des informations sur la Lune, Vénus et Mars.

ALUNISSAGE
Cette photographie des cratères lunaires a été prise par un des landers Apollo pendant sa lente descente vers la surface de la Lune.

Y-A-T-IL UNE VIE SUR MARS ?
Deux engins orbitaux Viking ont largué chacun un lander qui se sont posés en douceur à la surface de Mars. Ils ont déjà transmis près de 3 000 photographies à la Terre. Les landers ont également analysé le sol martien à quatre reprises, à la recherche du moindre signe de vie. Ils n'en ont trouvé aucun.

VIKING : LE LANDER

Caméras de télévision

Détecteurs pour analyser les conditions atmosphériques

Bras du robot pour prélever des échantillons

VENERA 9 : LE LANDER

Les deux parties se séparent et le lander amorce sa descente à travers l'atmosphère.

Le bouclier atmosphérique protecteur est largué.

À bord, des systèmes de freinage font ralentir Venera 9.

ATTERRISSAGE BRÛLANT

Plusieurs sondes Venera ont été envoyées sur Vénus. Chacune comportait deux parties dont l'une devait se poser sur la planète. Mais en raison des conditions sur Vénus – température et pression très élevées – les landers n'ont jamais pu fonctionner plus de quelques minutes.

Des parachutes finissent de ralentir la descente.

Venera 9 prend et transmet plusieurs images avant de cesser de fonctionner.

TRAVAILLER DANS L'ESPACE

Aujourd'hui, les astronautes travaillent dans l'espace et réalisent des expériences à bord de laboratoires orbitaux. Des satellites sont lancés, récupérés et réparés en orbite autour de la Terre.

Caméra de télévision

Commande de direction

Antenne

Râtelier de stockage du matériel

VÉHICULE LUNAIRE

Roues protégées par un grillage métallique

TRAVAIL SUR LA LUNE
Buzz Aldrin (le deuxième homme qui a marché sur la Lune) installe les premiers matériels expérimentaux que l'équipage d'Apollo 11 laissera derrière lui sur la surface lunaire.

LA JEEP LUNAIRE
Les membres d'équipage des missions Apollo 15, 16 et 17 ont utilisé cette jeep lunaire qui leur a permis d'effectuer des dizaines de kilomètres sur la Lune et de prélever des échantillons dans une zone étendue.

AUTO-PROPULSION
Équipé de petites fusées à azote comprimé, le MMU (Manned Manoeuvering Unit) permet de se mouvoir à l'extérieur du vaisseau spatial.

MMU

STATION SPATIALE

Les stations spatiales servent à la fois d'habitat et de lieu de travail. La station Mir, lancée en 1986 par l'Union Soviétique, a été visitée par plusieurs équipages d'astronautes qui ont séjourné à bord des semaines ou des mois.

Panneau solaire

Point d'amarrage pour vaisseau ravitailleur

Logements avec coins douche et toilette

Compartiment science et astronomie

DES CONDITIONS DE LABORATOIRE

Un astronaute place un échantillon dans une chambre en apesanteur destinée aux expériences et située dans le compartiment de la navette réservé à l'équipage. Les expériences plus importantes sont réalisées dans la soute, avec l'aide d'un équipement contrôlé par ordinateur.

RÉPARATIONS MINEURES

La navette spatiale permet aux astronautes de se placer le long du satellite défectueux, soit pour le réparer dans l'espace, soit pour le ramener sur terre pour y être révisé. La mission de réparation la plus réussie remonte à décembre 1993 : un nouvel équipement optique fut installé sur le télescope spatial Hubble.

L'HISTOIRE
DE L'ESPACE

LES GRANDES DATES

Le travail des astronomes est d'observer, de décrire
et d'expliquer les corps situés dans l'espace. L'histoire
de l'astronomie est jalonnée d'une série de découvertes.
Les progrès de la technologie ont conduit à de meilleures
descriptions et à des explications plus détaillées.

EUDOXE DE CNIDE (408-355
av. J.-C.),penseur grec, étudia
avec le philosophe Platon. À
la fin de sa vie, il établit la
théorie des sphères
homocentriques, première
tentative d'explication
scientifique du mouvement
des planètes et des étoiles.

SES DÉCOUVERTES
La Terre était le centre
de l'univers. Les étoiles
et les planètes, placées
dans une série
de sphères de cristal
transparent,
entouraient la Terre
dans l'espace.

PTOLÉMÉE (vers 120-180), vivait
à Alexandrie, en Égypte, à
l'apogée de l'Empire romain.
Bien qu'on sache peu de choses
sur lui, il est connu comme
"le père de l'astronomie". L'idée
que la Terre est au centre
de l'univers est souvent évoquée
comme le "système Ptolémée".

SES DÉCOUVERTES
Il écrivit une vaste compilation,
Almageste, de connaissances
astronomiques en Grec ancien.
Cet ouvrage a fait autorité
pendant des siècles et a servi de
base à l'astronomie scientifique
pendant plus de 1000 ans.

AL-SUFI (903-986),
noble persan, fut l'un des
grands astronomes de son
époque. Son *Livre des étoiles
fixes* dressait la liste des
positions de 1000 étoiles, avec leur
position et leur éclat
et illustrait les principales
constellations.

SES DÉCOUVERTES
En ces temps anciens,
l'astronomie était bien
vivante dans l'Empire
islamique. Les travaux
de Ptolémée nous sont
parvenus grâce à des
traducteurs arabes.

NICOLAS COPERNIC (1473-1543), chanoine et économiste en Pologne. Vers la fin de sa vie, il publia un intéressant traité sur l'univers, qui remplaça celui de Ptolémée.

SES DÉCOUVERTES
Copernic déplaça la Terre de sa place traditionnelle au centre de l'univers et la remplaça par le Soleil. Cette conception créa une véritable révolution et rencontra l'opposition acharnée de l'Église catholique.

GALILÉE (GALILEO GALILEI, dit) (1564-1642), homme de science et astronome italien, se rallia à la nouvelle théorie de Copernic. Il fut interrogé par l'Inquisition et persécuté jusqu'à la fin de sa vie.

SES DÉCOUVERTES
Galilée introduisit l'emploi de la lunette en astronomie. Il fit plusieurs découvertes, parmi lesquelles les reliefs lunaires, les phases de Vénus et les quatre principaux satellites de Jupiter.

ISAAC NEWTON (1643-1727), professeur de mathématiques et grand scientifique. On dit qu'il découvrit la loi de l'attraction universelle après avoir vu une pomme tomber d'un arbre.

SES DÉCOUVERTES
La loi de l'attraction universelle fit comprendre pourquoi les pommes tombent autour du Soleil. Newton établit les lois qui s'appliquent au déplacement des objets dans l'espace. Il fit également des expériences d'optique et inventa le télescope à réflecteur.

EDMOND HALLEY (1656-1742), Britannique, il fut nommé Astronome Royal, devenant ainsi l'un des premiers scientifiques à occuper un poste officiel. Il voyagea beaucoup et établit une carte des étoiles de l'hémisphère Sud.

SES DÉCOUVERTES
Halley est célèbre pour avoir prédit le retour de la comète périodique qui, aujourd'hui, porte son nom. Ses travaux renforcèrent l'idée que l'astronomie est capable de prédictions justes.

WILLIAM HERSCHEL (1738-1822), né à Hanovre, Allemagne, s'expatria en Angleterre où il fut d'abord musicien professionnel. Passionné d'astronomie, il construisit ses propres télescopes.

SES DÉCOUVERTES
Sa découverte de la planète Uranus, en 1781, le rendit célèbre. Aujourd'hui, on le considère comme le fondateur de l'astronomie stellaire. Ses années d'observations de la Voie lactée lui permirent d'établir les premières estimations fiables de ses dimensions et de sa forme.

JOSEPH VON FRAUNHOFER (1787-1826). Cet orphelin devint directeur de l'institut d'Optique de Munich. Après avoir étudié l'optique, il réalisa des lentilles de télescope parmi les plus performantes.

SES DÉCOUVERTES
Il identifia les raies obscures du spectre solaire (qui aujourd'hui portent son nom). Ces raies permettent aux scientifiques d'identifier les éléments chimiques présents dans une source de lumière.

NEPTUNE (DÉCOUVERTE EN 1846). La position d'une nouvelle planète dans le système solaire fut établie mathématiquement. Mais son existence ne fut confirmée qu'en l'observant.

DÉCOUVERTE
Le développement des connaissances de l'univers par les astronomes permit la "découverte" de Neptune. Après les travaux de Newton et de Halley, on pouvait émettre des hypothèses sur le comportement des objets dans l'espace.

WILLIAM HUGGINS (1824-1910). Cet astronome anglais possédait un observatoire à Londres et fut un pionnier de la spectroscopie stellaire (analyse du spectre de la lumière des étoiles).

SES DÉCOUVERTES
Il étudia la lumière émise par différentes étoiles. Ses travaux établirent que les étoiles sont constituées des mêmes éléments chimiques que l'on trouve sur Terre. Il montra que certaines nébuleuses se composent de gaz.

GIOVANNI SCHIAPARELLI (1835-1910), astronome italien, directeur de l'observatoire de Brera à Milan. Il fit la une des journaux lorsqu'il déclara, en 1877, qu'il avait observé des canaux sur Mars.

SES DÉCOUVERTES
Sa découverte majeure fut mal comprise, mais elle attira l'attention sur l'astronomie. Schiaparelli établit une relation entre comètes et pluies de météores.

EJNAR HERTZSPRUNG (1873-1967) et HENRY RUSSELL (1877-1957). Leurs travaux séparés arrivèrent aux mêmes conclusions sur la couleur et la température des étoiles.

SES DÉCOUVERTES
Le diagramme de Hertzsprung-Russell (HR) établit la relation entre la température de surface et la couleur. On peut ainsi identifier la séquence principale du développement stellaire et distinguer géantes, supergéantes et naines.

ARTHUR EDDINGTON (1882-1944), né en Angleterre, il devint professeur d'astronomie à l'université de Cambridge. Il écrivit des ouvrages sur l'origine des étoiles pour un large public.

SES DÉCOUVERTES
Eddington donna une description de la structure d'une étoile et expliqua que sa cohésion dépendait de trois forces : la gravité, la pression gazeuse et la pression de radiation.

HARLOW SHAPLEY (1885-1972). Cet astrophysicien américain détermina la distance et la répartition de nombreux amas globulaires en utilisant des étoiles variables comme calibres.

SES DÉCOUVERTES
Shapley sut donner la première estimation correcte des dimensions de la Galaxie. Il montra également que le Soleil se trouvait très loin du centre de la Galaxie.

CECILIA PAYNE-GAPOSCHKIN (1900-1979), née en Angleterre, a effectué la majeure partie de ses travaux aux États-Unis. Elle est considérée comme la plus grande femme astronome de tous les temps.

SES DÉCOUVERTES

En analysant le spectre de nombreuses étoiles différentes, elle put démontrer que toutes les étoiles de la séquence principale (le Soleil par exemple) sont constituées presque essentiellement d'hydrogène et d'hélium.

EDWIL HUBBLE (1889-1953), astrophysicien américain, qui commença sa carrière comme avocat. Il démontra que la spirale d'Andromède ne faisait pas partie de la Galaxie.

SES DÉCOUVERTES

En montrant que certains objets n'appartenaient pas à la Voie lactée, Hubble prouva l'existence d'autres galaxies. Il découvrit aussi que l'Univers est en expansion continuelle.

GEORGES LEMAÎTRE (1894-1966), mathématicien belge, travailla en Grande-Bretagne et en Amérique. Ses travaux influencèrent la conception des autres astronomes sur l'Univers.

SES DÉCOUVERTES

Lemaître formula la théorie du big-bang : une explosion serait à l'origine de l'Univers et toute matière et toute énergie auraient été créées simultanément. Cette théorie expliquerait pourquoi de nombreuses galaxies semblent s'éloigner de nous à grande vitesse.

KARL JANSKY (1905-1950), ingénieur-radio américain, il découvrit que des ondes radio viennent de la Voie lactée, en réglant un problème d'interférences dans les émissions radio.

SES DÉCOUVERTES

Sans le savoir, Jansky découvrit les techniques de base de la radioastronomie, ce qui permit de collecter des informations provenant d'autres parties du spectre électromagnétique, et non plus seulement de la lumière visible.

FRED HOYLE (1915). Mathématicien et astronome britannique, il soutient que la vie sur la Terre est le résultat d'une infection due à des bactéries de l'espace et transportée par les comètes.

SES DÉCOUVERTES
Ses travaux concernent les réactions nucléaires qui se produisent à l'intérieur des étoiles. Il a montré comment les étoiles transforment l'hydrogène en hélium et en autres éléments plus lourds.

FRED WHIPPLE (1906), professeur d'astronomie à Harvard en 1945 et devint directeur du Smithsonian Astrophysical Observatory en 1955. Il est connu pour ses études sur les comètes et le système solaire.

SES DÉCOUVERTES
Sa théorie selon laquelle les comètes sont des "boules de neige sales" s'est vérifiée grâce aux sondes spatiales. Les comètes seraient des "restes" datant de la formation du sytème solaire.

ARNO PENZIAS (1933) ET ROBERT WILSON (1936), scientifiques américains, ont reçu le prix Nobel de physique pour leur découverte du rayonnement du fond cosmique – un vestige du big-bang.

SES DÉCOUVERTES
Ce rayonnement (radiation de fond sur onde très courte) donne à l'univers une température moyenne de 3 °C au-dessus du zéro absolu. Cette découverte pourrait confirmer la théorie du big-bang.

SUPERNOVA 1987A
Une supernova brillant au cours de l'année 1987 a permis aux astronomes d'étudier, pour la première fois, un phénomène de ce type avec un équipement moderne.

LES DÉCOUVERTES
L'analyse de l'énergie et des particules produites a confirmé que tous les éléments chimiques plus lourds que le fer proviennent de réactions nucléaires se produisant au cours d'explosions de supernovae.

MISSIONS SPATIALES I

Tout commence en 1957, avec le lancement du premier satellite. Quatre ans plus tard, Gagarine devient le premier astronaute. Dès lors, l'aventure spatiale connaît un intérêt croissant.

PREMIER VÉHICULE SPATIAL
Maquette du vaisseau spatial dans lequel Youri Gagarine boucle son premier tour de la Terre, le 12 avril 1961.

ATTERRISSAGE CONTRÔLÉ
La sonde Luna 9 fut la première à "alunir" en douceur, en février 1966. Luna 9 a transmis les premières images panoramiques de la surface de la Lune.

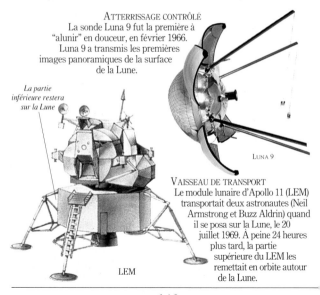

La partie inférieure restera sur la Lune

LUNA 9

LEM

VAISSEAU DE TRANSPORT
Le module lunaire d'Apollo 11 (LEM) transportait deux astronautes (Neil Armstrong et Buzz Aldrin) quand il se posa sur la Lune, le 20 juillet 1969. À peine 24 heures plus tard, la partie supérieure du LEM les remettait en orbite autour de la Lune.

ROBOTS LUNAIRES

Deux Lunokhod furent envoyés sur la Lune au début des années 70. Équipés de caméras de télévision qui permettaient de les diriger à distance depuis une salle de contrôle sur terre, les deux véhicules parcoururent un total de 47,5 km sur la Lune.

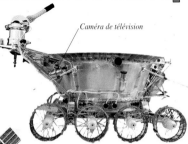

Caméra de télévision

LUNOKHOD 1

Support du télescope Apollo

SKYLAB

PLATEFORME SCIENTIFIQUE

Le Skylab, laboratoire et observatoire orbital, permit aux astronautes, dès 1973, de travailler dans l'espace pendant plusieurs semaines d'affilée. Il permit aussi d'étudier l'atmosphère terrestre et les systèmes climatiques.

MESSAGE VERS LES ÉTOILES

Chacune des deux sondes Pioneer transporte une plaque recouverte d'or qui représente un homme et une femme et des indications simples pour situer le système solaire et la Terre.

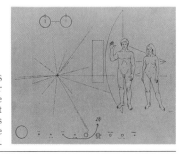

MISSIONS SPATIALES II

Le travail en orbite se trouva facilité par l'arrivée de la navette spatiale en 1981. Les sondes ont maintenant exploré les planètes les plus lointaines, sauf une, et de nouvelles explorations sont prévues.

La navette est munie d'un bras métallique que l'on peut utiliser pour lancer ou récupérer des satellites.

Le réservoir externe de combustible se détache à 110 km d'altitude.

Les fusées de lancement agissent pendant deux minutes environ puis sont larguées à 45 km d'altitude.

La navette décolle avec un équipage de huit personnes et 29 tonnes de matériel.

AMÉLIORATION DES COMMUNICATIONS

Le satellite de communications Intelsat fut lancé par la 49e mission de la navette spatiale en mai 1992. L'amélioration des communications n'est qu'un des avantages de la technologie spatiale dont le grand public bénéfie aujourd'hui.

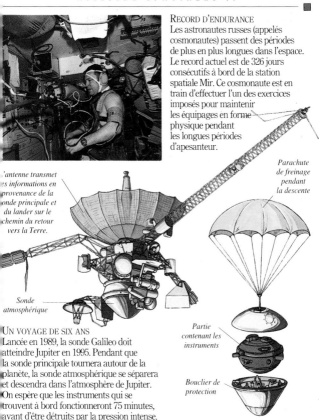

RECORD D'ENDURANCE

Les astronautes russes (appelés cosmonautes) passent des périodes de plus en plus longues dans l'espace. Le record actuel est de 326 jours consécutifs à bord de la station spatiale Mir. Ce cosmonaute est en train d'effectuer l'un des exercices imposés pour maintenir les équipages en forme physique pendant les longues périodes d'apesanteur.

Parachute de freinage pendant la descente

L'antenne transmet les informations en provenance de la sonde principale et du lander sur le chemin du retour vers la Terre.

Sonde atmosphérique

Partie contenant les instruments

Bouclier de protection

UN VOYAGE DE SIX ANS

Lancée en 1989, la sonde Galileo doit atteindre Jupiter en 1995. Pendant que la sonde principale tournera autour de la planète, la sonde atmosphérique se séparera et descendra dans l'atmosphère de Jupiter. On espère que les instruments qui se trouvent à bord fonctionneront 75 minutes, avant d'être détruits par la pression intense.

Glossaire

AMAS
Groupement d'étoiles ou de galaxies maintenues par la gravité.

ANNÉE COSMIQUE
Une révolution complète du soleil, soit 220 millions d'années.

ANNÉE-LUMIÈRE (a.l.)
Distance parcourue par la lumière en un an. Mesure utilisée pour les distances entre les étoiles et les galaxies.

ASTÉROÏDE
Corps céleste de roche qui tourne autour du Soleil. La plupart des astéroïdes circulent à l'intérieur d'une ceinture étroite située entre Mars et Jupiter.

ASTRONOMIE
Étude scientifique des objets de l'espace.

ATMOSPHÈRE
Couche gazeuse qui entoure une planète, un satellite ou une étoile.

AURORE POLAIRE
Phénomène lumineux atmosphérique spectaculaire, dans le ciel nocturne des hautes latitude boréale ou australe.

AUSTRAL
Qui se rapporte au sud.

BIG-BANG
Explosion créatrice de l'univers, supposée avoir eu lieu il y a 15 milliards d'années environ.

BIG-CRUNCH
Devenir possible de l'univers, phase inverse du big-bang.

BRAS LOCAL
Nom souvent donné au Bras d'Orion : bras spiral de la Voie lactée dans laquelle se trouve le Soleil.

BORÉAL
Qui se rapporte au nord.

CATALOGUE DE MESSIER
Liste des amas brillants, des galaxies et des nébuleuses établie en 1781 par Charles Messier.

CHAMP MAGNÉTIQUE
Région entourant une source magnétique, à l'intérieur de laquelle agit la force magnétique.

CHROMOSPHÈRE
Couche intérieure de l'atmosphère solaire.

CIRCUMPOLAIRES
Se dit des étoiles proches du centre de la carte du ciel, et visibles toute l'année.

COMÈTE
Corps céleste composé de neige et de poussière, en orbite autour du Soleil. Quand une comète s'approche du Soleil, il se forme une queue de gaz et de poussière.

COMÈTE PÉRIODIQUE
Comète qui s'approche du Soleil à intervalles réguliers.

CONSTELLATION
Groupement d'étoiles brillantes, visible dans le ciel terrestre.

CRATÈRE
Dépression circulaire à la surface d'un satellite ou d'une planète due à l'impact d'une météorite.

CROÛTE
Couche superficielle d'un satellite ou d'une planète tellurique.

DISQUE D'ACCRÉTION
Structure formée par

un rassemblement
de matière en rotation
rapide.

DURÉE DE RÉVOLUTION
Temps mis par un objet
pour décrire une orbite
complète.

DURÉE DE ROTATION
Temps mis par un objet
pour effectuer une
rotation complète autour
de son axe.

ÉCLIPSE
Effet d'obscurcissement
dû au passage d'un
corps céleste devant
un autre.

ÉCLIPTIQUE
Cercle apparent de la
sphère céleste décrit par
le Soleil en un an.

EFFET DE SERRE
Augmentation de
chaleur d'une
atmosphère planétaire
due à un excès de gaz
carbonique.

ELLIPTIQUE
Se dit d'une galaxie de la
forme du ballon à celle
d'un œuf.

ÉQUATEUR CÉLESTE
Projection de l'équateur
terrestre dans l'espace,
qui sert de référence
pour situer les étoiles
sur la carte du ciel.

ESPACE
Volume compris entre
les objets de l'univers.

ÉTOILE À NEUTRONS
Étoile ayant atteint
une très grande densité.
Certaines étoiles à
neutrons sont perçues
comme des pulsars.

ÉTOILE
Boule tournoyante
de gaz très chaud qui
génère de l'énergie
par fusion nucléaire.

FUSION NUCLÉAIRE
Dégagement d'énergie
produit par les étoiles au
cours de la fusion des
atomes

GALAXIE
Vaste groupement
d'étoiles maintenues par
la gravité.

GÉANTE ROUGE
Phase du cycle
de nombreuses étoiles
au cours de laquelle
elles grossissent
et commencent
à transformer l'hélium
en carbone.

GRAVITÉ
Force d'attraction due à
la masse d'un astre.

GROUPE LOCAL
Amas de galaxies dont
fait partie la Voie lactée.

HÉLIOSPHÈRE
Volume spatial balayé
par les particules
chargées en provenance
du Soleil.

HÉMISPHÈRE
Moitié de sphère. Terme
généralement appliqué
aux régions se trouvant
au nord ou au sud d'un
équateur.

LONGUEUR D'ONDE
Trait caractéristique
d'une onde énergétique.

LUNE
Satellite naturel d'une
planète. La Lune est le
satellite de la Terre.

MAGNÉTOSPHÈRE
Volume d'espace sous
l'influence du champ
magnétique d'une
planète.

MAGNITUDE
Éclat d'une étoile
ou d'une galaxie.
La magnitude apparente
est l'éclat tel qu'il serait
perçu depuis la Terre.
La magnitude absolue
est l'éclat supposé, si on
le percevait à une
distance standard
d'environ 32,5 années
lumière.

MANTEAU
Couche intermédiaire en

fusion d'une planète
tellurique.

MASSE
Quantité de matière
contenue dans un objet.
On utilise la masse du
Soleil (1 masse solaire)
comme référence pour
mesurer la masse des
astres et des galaxies.

MATIÈRE
Tout ce qui occupe
l'espace. La matière
comporte trois états :
gazeux, liquide et solide.

MÉTÉORE
Phénomène lumineux
provoqué par la
combustion d'une roche
ou de poussière venant
de l'espace au contact
de notre atmosphère.

MÉTÉORITE
Fragment de roche ou
de métal venu de l'espace
et qui tombe sur une
planète ou sur une lune.

PARALLAXE
Déplacement de la
position apparente d'un
corps. La méthode de
parallaxe permet de
calculer la distance qui
nous sépare des étoiles
en mesurant leur
changement apparent
de position.

NAINE BLANCHE
Étoile effondrée sur elle-
même dont le noyau est
de la taille du Soleil.

NÉBULEUSE
Nuage de gaz et de
poussière dans l'espace.
Certaines nébuleuses
brillent, d'autres sont
obscures.

NOUVEAU CATALOGUE
GÉNÉRAL (NGC)
Liste d'amas, de galaxies
et de nébuleuses publié
en 1888.

NOYAU
Partie centrale d'un
atome, d'une planète,
d'une étoile ou d'une
galaxie.

OMBRE
Partie interne de la tache
projetée au cours d'une
éclipse de soleil ou de
lune. Également, partie
interne et plus froide
d'une tache solaire.

ORBITE
Trajectoire d'un objet
spatial autour d'un
autre.

PÉNOMBRE
Partie externe de l'ombre
créée par une éclipse de
Soleil. Également, partie
la plus externe et la plus
chaude d'une tache

solaire.

PHOTOSPHÈRE
Couche superficielle du
Soleil.

PLANÈTE
Objet sphérique
composée de roche
(planète tellurique) ou
gaz liquide, en rotation
autour d'une étoile.

PLANÈTE TELLURIQUE
Planète constituée de
roches.

PÔLE CÉLESTE
Projection des pôles
nord et sud terrestres
dans l'espace, qui sert
de point de référence.

PROTOÉTOILE
Très jeune étoile qui n'a
pas commencé à briller.

PROTUBÉRANCE SOLAIRE
Jet de gaz provenant de
la surface du Soleil.

PULSAR
Étoile à neutrons en
rotation rapide,
émettrice de radiations.

QUASAR
Objet très brillant et très
éloigné qu'on suppose
être le noyau d'une très
jeune galaxie.

RADIAN
Point du ciel d'où paraît
provenir une pluie
d'étoiles filantes.

RADIATION
Formes d'énergie capables de voyager dans l'espace.

RAIES D'ABSORPTION
Fines lignes sombres présentes dans le spectre, qui indiquent la présence d'éléments chimiques dans la source de lumière.

RÉVOLUTION COMPLÈTE
Rotation complète d'un corps mobile autour de son axe.

SATELLITE
Objet qui tourne autour d'une planète. Il existe des satellites naturels (lunes) et des satellites artificiels mis sur orbite par les êtres humains.

SÉQUENCE PRINCIPALE
Étape de la vie d'une étoile au cours de laquelle elle produit de l'énergie en transformant l'hydrogène en hélium.

SPECTRE ÉLECTROMAGNÉTIQUE
Spectre de l'énergie irradiée, qui inclut les rayons gamma, les rayons X, les rayons ultraviolets, les rayons infrarouges, les micro-ondes et les signaux de la radio et de la télévision.

SPECTRE DES COULEURS
Spectre ininterrompu des couleurs visibles dans la bande optique du spectre électromagnétique s'étendant de la zone infrarouge à la zone ultraviolette.

SPHÈRE CÉLESTE
Sphère sombre imaginaire entourant la Terre, dans laquelle apparaissent les astres.

SUPERAMAS
Énorme amas composé d'amas de galaxies.

SUPERNOVA
Explosion d'une étoile massive qui produit plus de lumière qu'une galaxie entière.

SYSTÈME SOLAIRE
Le Soleil et toutes les planètes, les lunes, les astéroïdes et les comètes qui gravitent autour de lui.

TACHES SOLAIRES
Taches sombres et irrégulières visibles à la surface du Soleil.

TROU NOIR
Objet infiniment dense formé par l'effondrement sur elle-même d'une étoile massive. L'attraction d'un trou noir est si forte que même la lumière ne peut y échapper.

UNIVERS
Ensemble de tout ce qui existe.

VENT SOLAIRE
Courant de particules électriquement chargées émis par le Soleil.

VIDE
Espace exempt de matière.

VITESSE DE LIBÉRATION
Vitesse nécessaire pour échapper au champ d'attraction d'une planète ou d'un satellite.

VITESSE ORBITALE
Vitesse d'un corps sur son orbite.

VOIE LACTÉE
Bande lumineuse qui s'étire dans le ciel, gigantesque système stellaire qui contient des milliards d'étoiles, dont le Soleil et la Terre.

ZODIAQUE
Les 12 constellations à travers lesquelles le Soleil semble se déplacer pendant une année.

Index

Remerciements

Illustrations :

Rick Blakely, Luciano Corbella, Richard Draper, Mike Grey, Jeremy Gower, John Hutchinson, Andrew Macdonald, J. Marffy, Daniel J. Pyne, Pete Serjeant, Guy Smith, Taurus Graphics, Raymond Turvey, François Vincent, Richard Ward, Brian Watson, John Woodcock

Crédits photographiques :

h = haut   b = bas
c = centre g = gauche d = droite
Anglo Australian Telescope Board/D.Malin 37 hd, 42/43, Rob Beighton 83 cg, The Bodleian Library, University of Oxford 142 bg, ESO/Meylan 126 hd, 130 b, 137 hg, 139 h, Mary Evans Picture Library 142 cg, 143 hd, 143 cbd, 143 bd, 144-145 ; FLPA 46 hd, Genesis Space Photo Library 10/11, 127 h, Harvard University Archives 146 h, Image Select/Ann Ronan 142-145, JPL courtesy of NOAO 112 hg, Lund Observatory 25 hg, Mansell Collection 143 dch, 144-145, NASA/JPL 13 hd, 16 bg, 20 hg, 21 hd, 24 hd, 27 hd, 28/29, 30 hd, 32 hd, 54 hd, 60/61, 66 hd, 68 bg, 70/71, 72 hd, 73 hg, 76 hd, 77 hd, 79 hg, 80 hg, 81 hg, 84 hd, 85 hg, 88 hd, 89 hd, 90 cg, 92 hd, 93 hd, 96 hd, 97 hd, 98 cg, 100 hd, 101 bg, 104 hd, 105 hd, 106 cg, 108 hd, 118/119, 121 hd, 121 cd, 126 b, 127 c, 127 b, 130 hd, 132 hd, 133 cg, 134 hd, 136 hd, 138 hd, 138 bd, 139 cd, 139 bg, 140/141, 144 cgb, 147 cb 148/149, 149 cg, 150 cr, Novosti 151 hg, Science Photo Library/ Alex Bariel 122 hd Dr Jeremy Burgess 142 hg, ESA 113 bd, Fred Espenak 45 t, François Gohier 124 hd, Max Planck Institut fur Radioastronomy 124 bg, 146 b, David Mclean 114 hd, NASA 116 hd, NOAO 18/19, 121 c, Pekka Parviainen 47 hg, Roger Ressmeyer, Starlight 44 hd, Royal Observatory Edinburgh/Anglo-Australian Telescope Board 22 hd, 26 bg, 50 hd, 110/111; Royal Greenwich Observatory 125 cg, John Sanford 48 hd, 115 bd, Dr. Seth Shostak 125 hg, Starland Picture Library/ESO 35 hg, UPI/Bettman 146 cd.

Pour la version française :
Traduction :
Christiane Crespin

Conseiller scientifique :
Régis Guyot

Adaptation :
Octavo Editions
avec la participation
de Sophie Marchand